색다른 과학의 매력

권상민·신치홍·손미나·윤훈찬·이지민 외 카이스트 학생들 지음

색다른 과학의 매력

카이스트 학생들이 들려주는
과학의 엉뚱 기발 매력 발산

살림Friends

차례

제1부 우연히 나에게 다가온 과학

제2부 엉뚱하고 기발한 과학 연구 이야기

호기심 천국, 카이스트

어느덧 다시 겨울입니다. 매년 이맘때면 카이스트 학생들이 직접 만든 책이 세상에 나왔지요. '꿈꾸는 천재들의 리얼 캠퍼스 스토리'라는 부제처럼 카이스트 학생들이 살아가면서 느끼는 소소한 이야기를 엮어서 책으로 냈습니다. 맨 처음 『카이스트 공부벌레들』을 필두로, 젊은 과학도들의 워너비 사이언티스트를 담은 『카이스트 영재들이 반한 과학자』, 과학 하는 틈틈이 즐기는 상상력 파라다이스를 묶은 『카이스트 학생들이 꼽은 최고의 SF』, 카이스트 학생들이 어떻게 과학에 관심을 기울이게 되었는지를 다룬 『과학이 내게로 왔다』, 카이스트 학생들의 실패와 좌절, 그리고 이를 극복한 이야기를 담은 『과학 하는 용기』 등이 출간되었습니다. 작년에는 카이스트 과학도들이 들려주는 슬기로운 수학 생활을 재미있게 풀어낸 『색다른 수학의 발견』이 독자와 만났습니다.

처음에는 공부만 하면서 세상과는 담을 쌓고 살 것만 같았던 카이스트 학생들의 소박한 일상의 모습을 보여주고 싶었습니다. 좌충우돌, 실패와 좌절, 사랑과 이별, 학업과 진로 등 여느 청년들이 가질 수 있는 똑같은 고민 속의 일상을 담고 싶었습니다. 그러나 해를 거듭하면서 책이 나올 때마다 독자들의 반응은 뜻밖에도 뜨거웠습니다. 덕분에 책은 쇄를 거듭했고, 여러 상을 수상하는 등 많은 관심을 받았습니다. 아마도 카이스트 학생들의 이야기를 들어보며 그들도 똑같은 이 시대의 젊은이구나, 하고 독자들은 살며시 미소 지으며 공감하지 않았나 생각해봅니다.

그리고 이번에 여덟 번째 책으로 『색다른 과학의 매력』을 세상에 내놓습니다. "유레카(알아냈다)!"라고 외치며 목욕하다가 알몸인 채 거리로 달려 나갔다는 아르키메데스의 이야기를 떠올려보면 쉽게 이해가 가지 않을까 싶습니다. 목욕을 하다가 황금의 밀도를 측정하는 법을 우연히 발견한 것처럼, 우리 일상에서 "유레카!"를 외쳐본 경험이 있는지, 혹은 에디슨처럼 무모하고도 엉뚱한 실험을 시도해본 적이 있는지 그 뒷이야기를 듣고 싶었습니다. 호기심으로 가득 찬 과학도들의 재미나고 신나는 실험 이야기와 그 속에 숨겨진 이야기 말입니다.

예년처럼 올해도 참신한 원고를 모집하기 위해 '내가 사랑한 카이스트 나를 사랑한 카이스트'라는 글쓰기 공모전을 열었고, 총 300편에 가까운 이야기가 모였습니다. 이야기 하나하나가 재미있고 의미가 있었지만, 그 가운데서도 독자와 공감하면 좋겠다고 생각한 이야기를 추려서 이렇게 세상에 내놓게 되었습니다.

연인과 헤어지는 순간, 눈물과 콧물이 뒤범벅이 되어 휴대폰의 메시지가 저절로 보내져버린 이 현상을 과학적으로 해결하기 위해 실험을 거듭한 이야기(제1부 「우연히 나에게 다가온 과학」에 수록), 짝사랑하던 선배에게 망원경으로 별을 보자고 데이트 신청을 했다가 거절당하고 망원경과 둘이서 고독한 밤을 보내다가 도시에서도 별을 볼 수 있는 방법을 찾아 헤매던 이야기(제2부 「엉뚱하고 기발한 과학 연구 이야기」에 수록), 정신병 환자에게 말라리아라는 다른 질병을 접종해 치료에 성공한 정신신경학자 야우레크와 우리 생활 속에서 쉽게 접할 수 있는 말랑말랑한 고무를 상용화한 발명가 찰스 굿이어의 이야기(제3부 「위대한 연구의 비하인드 스토리」에 수록), 〈인터스텔라〉와 〈부산행〉 등 영화에 나오는 실제와 판타지의 경계를 과학적으로 풀어보기(제4부 「과학으로 팩트 체크」에 수록) 등 이 책에는 과학적 발견에 얽힌 다양하고 재미난 뒷이야기가 풍성하게 담겨 있습니다.

그러나 책 속에 비단 과학 실험 이야기만 있는 것은 아닙니다. 우연처럼 보이는 현상도 결국 여러 요인들의 결합이라는 생각으로 수없이 시행착오를 겪으면서도 본질을 밝히기 위해 구슬땀을 흘리던 그들의 열정을 느낄 수 있었습니다. 반복된 실험과 기대에 미치지 못한 결과에 서로가 지치고 벽이 느껴질 때 서로를 조금씩 이해하며 벽을 허물려고 노력하는 배려의 마음을 읽을 수 있었습니다. 특수상대성이론처럼 내가 빠르게 움직이면 자연스럽게 서로가 곁에 없는 시간이 늘어나고 그 시간은 거리로 바뀌어 한없이 멀어지지만 반대로 여유를 가지고 천천히 다가갈수록 사람 사이의 거리감이 줄어든다는 이야기에서는 사람 사이의 공감을 얼마나 소중하게 생각하고 있는지를 알 수 있었습니다.

이러한 학생들의 호기심과 열정, 배려와 공감이 있었기에 지금의 카이스트가 존재하며 또 세상은 계속 더 살 맛 나는 곳으로 발전하는 것이 아닌가 생각합니다. 이 대목에서 카이스트가 지향하는 3대 핵심 가치인 도전(challenge), 배려(caring) 창의(creativity)의 정신이 떠오르는 것은 우연이 아닌 듯합니다. 우리 학생들은 생활 속에서 이미 이러한 가치를 몸소 체득하고 실천하고 있었다는 것을 깨달았습니다.

늘 그러했듯이 거친 원고를 다듬어서 멋진 책으로 엮어내는 작업은 학생들의 몫이었습니다. 어렵고 번거로운 작업을 하겠다고 기꺼이 자원해준 학생 편집진에게 고마움을 전합니다. 무더웠던 올 여름, 좀 더 나은 책을 만들기 위해 바쁜 시간을 쪼개 대전에서 파주를 오가며 구슬땀을 흘린 덕분에 이 책이 세상에 나올 수 있었습니다. 그들의 뜨거운 눈빛과 열정에 큰 박수를 보냅니다. 그리고 기획 단계부터 머리를 맞대고 좋은 책을 만들기 위해 함께 노력해준 살림출판사와 늘 한결같이 물심양면으로 후원해준 학교 당국에도 감사의 마음을 전합니다.

세상은 혼자서는 살아갈 수 없습니다. 함께 공감하고 서로 배려하면서 조금씩 더 나은 세상으로 나아갈 것이라 믿습니다. 이 책이 과학으로 더 나은 세상을 함께 만들고픈 젊은이들에게 조그마한 공감이 되었으면 합니다. 위대한 발명도 작고 하찮게 보이는 엉뚱한 생각에서 출발했듯이 조그만 아이디어라도 포기하지 말고 끊임없이 생각하고 실험하고 도전해보는 계기가 되길 바랍니다.

내년에는 또 다른 이야기가 여러분을 찾아가겠지요. 벌써 다음 책이 기다려집니다.

– 시정곤(카이스트 인문사회과학부 교수)

과학의 무한한 매력

여러분은 과학과 함께할 때 어떤가? 재미있고 즐거운가? 희열이 느껴지는가? 아름다움에 감탄하는가? 아니면, 지루할 뿐인가? 아마도 자신만의 느낌이 하나 정도는 있을 것이다. 그러나 하나 정도로는 부족하다. 과학은 셀 수 없는 무한한 매력을 가진 친구이기 때문이다. 현재 여러분은 과학의 매력을 극히 일부만 느꼈을 것이다. 다행히도 여러분은 이 책을 만났다. 책을 집어 든 지금 이 순간 여러분은 과학과 더욱 가까워질 기회를 잡았다. 앞으로 과학의 놀랍고도 새로운 면면을 알게 될 것이다. 그리고 어느 순간 과학의 매력에 흠뻑 빠져 있는 자신을 발견하게 될 것이다.

　이 책『색다른 과학의 매력』은 제8회 '내사카나사카(내가 사랑한 카이스트 나를 사랑한 카이스트)' 글쓰기 대회 수상작 모음집이다. 스물여섯 명의 카이스트 학생들이 과학을 배우며 느끼고 깨달은 생생하고 풍성한 이야기가 담겨 있다. 달리 말하면 과학의 스물여섯 가지 매력에 관한 이야기라 할 수 있다. 여러분이 스물여섯 가지 매력을 온전하게 느낄 수 있기를 바란다. 나아가 우리가 미처 몰랐던 과학의 매력을 발견하게 된다면 더할 나위 없이 기쁠 것이다.

만약 '카이스트 학생은 타고난 과학 마니아들'이라고 생각했다면 오산이다. 카이스트 학생은 여러분과 다른 사람이 아니다. 그저 여러분보다 조금 더 많이 과학의 매력을 느꼈고, 조금 더 많이 과학을 공부했을 뿐이다. 그래서 단언컨대 과학이라는 거대한 학문 앞에서 카이스트 학생과 여러분은 차이가 없다. 우리 역시 여러분처럼 과학을 배우는 학생이다. 다만 선배로서 과학의 매력에 더욱 깊이 빠질 수 있도록 돕고자 한다. 여러분은 따라오기만 하면 된다. 선배들의 공부와 연구, 경험 등 모든 이야기를 물을 흡수하는 스펀지처럼 흡수하면 된다.

과학의 무한한 매력을 보고 싶다면 먼저 마음의 눈을 갖출 필요가 있다. 따로 커다란 마음의 준비를 할 필요는 없다. 이미 여러분은 마음의 눈을 가지고 있다. 다만 마음의 눈을 가리고 있는 '편견'이 존재할 뿐이다. 편견은 아주 무서운 녀석이다. 나도 모르는 사이에 자리를 잡고서 실상이 아닌 허상을 보도록 유도한다. 그러니 편견에 유의해서 실상을 보도록 하자. 이 책을 읽고 난 뒤에는 곰곰이 성찰해보길 바란다. 이 과정은 여러분의 시야를 놀라울 만큼 확장하고, 여러분을 더욱 성장시킬 것이다.

과학이 다양한 매력을 가지고 있다는 것은 장점이지만 단점이기도 하다. 과학을 어렵게 만들기 때문이다. 그래서 인류는 어제도 과학을 공부했고, 오늘도 과학을 공부하고, 내일도 과학을 공부할 것이다! 이처럼 과학은 원래 어렵다. 여러분이 과학을 어려워하는 것은 당연하다. 만일 과학을 쉽다고 여긴다면 아직 과학을 잘 모르는 것이라고 할 수 있다.

하지만 이는 매우 좋은 점이기도 하다. 쉽게 얻은 것은 쉽게 잃는다는 말이 있다. 과학을 배우는 길이 쉽지 않기 때문에, 과학으로부터 얻는 것은 매우 소중한 가치를 지닌다. 무엇보다도 소중한 것을 얻어가는 과정은 어려운 과정이 아니라 행복한 과정이다.

자, 이제 여러분은 재미있는 매력덩어리 과학과 마주할 준비가 되었는가?

– 권상민(내사카나사카 학생편집장)

제1부

우연히 나에게 다가온 과학

낚시에서 배운 과학

생명과학과 16 **신치홍**

낚시는 어떻게?

나는 어릴 때 과학과는 거리가 먼 학생이었다. 공부는 죽어도 하기 싫었고, 한때는 운동선수를 꿈꾸기도 했다. 여느 친구들처럼 시간표에 체육 시간이 없는 날에는 학교에 가기 싫었다. 시간표에 수학이나 과학 시간이 있는 날에는 더더욱 그랬다. 내 방에는 초등학교 5학년 때 받은 10점짜리 수학 시험지가 붙어 있었다. 보고 반성하라는 의미에서 어머니께서 붙여둔 것이었지만 정작 나는 친구들과 놀기 바빴다. 수업 시간에는 말도 잘 안 듣는 말썽쟁이였고, 쉬는 시간마다 공을 들고 운동장에 뛰어나가 축구하기 바쁜 아주 평범한 학생이었다. 어릴 때부터 영재 교육을 받고, 각종 경시대회를 준비하고, 영재고등학교나 과학고등학교를 나온 다른 친구들과 비교하면, 지극히 평범한 교육을 받으며 자랐다. 어릴 때부터 눈에 띄는 학생도 아니었다. 그런 내가 다른 카이스트 학생들처럼, 심지어는 그들보다 더 과학을 좋아하게 되고 뇌 과학자라는 꿈을 가지게 된 건 돌이켜보면 낚시 덕분이다.

나는 카이스트 생명과학과 4학년에 재학 중이며, 뇌를 연구하는 연구실에 다니고 있다. 내가 연구실에 다니면서 느낀 점은 과학이 낚시와 많은 부분에서 닮아 있다는 것이다. 낚시를 하며 배운 것이 내가 과학을 하는 데 많은 도움을 주었다. 그래서 여러분에게 낚시에 대해 간략하게 소개하고자 한다.

나는 어려서부터 아버지와 함께 자주 낚시를 하러 갔다. 낚시는 종류에 따라 강에서 하는 낚시도 있고, 배를 타고 바다에 나가서 하는 배낚시도 있고, 파리 낚시처럼 냇가에서 하는 낚시도 있다. 우리 부자는 주로 인천 남항 부두에서 배를 타고 바다에 나가 배낚시를 즐겼다. 배낚시도 농어 낚시, 갈치 낚시 등 잡는 어종에 따라 종류가 다르고, 사용하는 미끼도, 낚시 방법도, 낚싯대도 다르다.

우리 부자는 주로 우럭 낚시를 했다. 우럭 낚시는 초보자도 무리 없이 즐길 수 있기 때문이다. 우럭 낚시는 대단한 준비물이 필요 없다. 집에서 챙길 준비물이라고는 선크림, 수건, 모자, 가위, 칼 정도밖에 없다(멀미를 하는 사람들에게는 멀미약이 필수다). 우럭 낚시를 할 때는 좋은 낚싯대도, 비싼 미끼도 필요 없다. 부두에서 추, 우럭 채비(바늘이 달려 있고, 추를 달 수 있는 구멍이 있는 기구), 미끼로 쓸 갯지렁이, 오징어, 미꾸라지만 간단히 사서 배에 오른다.

좋은 낚싯대도 필요 없어서 주로 배에서 빌린 싼 낚싯대를 사용하기도 했고 낚싯대 없이 주낙으로 하기도 했다. 배를 타는 총 시간도 다섯 시간 정도라 낚시를 하고 돌아와도 그렇게 피곤하진 않다.

낚시를 해보고자 하는 이들을 위해 낚시를 하는 과정을 간략히 설명하자면 다음과 같다. 인천 남항 부두에 도착하면 ○○낚시라고 적힌 곳이 많다. 배를 가지고 있는 선장님이 손님을 받기 위해 차린 매표소라고 생각하면 된다. 출항 시간 전에 부두에 도착한 뒤 ○○낚시라고 적힌 곳에 들러 명단을 작성하고 배를 찾아서 오른다. 출항 시간이 되면 출항한다. 배에는 보통 스무 명 정도의 사람들이 탄다. 배를 타고 40분 남짓 바다로 나가서 낚시를 한다. 배를 타고 나가는 동안에는 낚시 준비를 한다. 배에서 빌린 낚싯대나 주낙 끝에 우럭 채비를 단다. 채비 끝에는 추를 달 수 있는 고리가 있다. 추의 꼭지 부분에는 구멍이 있어 채비의 고리에 연결하면 된다. 그런 다음 미끼를 준비해야 한다. 우럭 채비에는 주로 두 개의 바늘이 달려 있다. 바늘 하나는 밑에, 다른 하나는 두 뼘 정도 위에 달려 있다.

필자가 자주 사용한 우럭 채비다. 맨 아래쪽에 추를 달 수 있는 고리가 있고 그 위에 두 개의 바늘이 각각 달려 있다.

미끼를 골라서 바늘에 끼우고 낚시 포인트에 도착할 때까지 기다린다.

낚시 포인트에 도착한 뒤에 선장님이 스피커를 통해 '뚜' 하고 신호를 주면 낚싯줄을 바다에 던지고 낚시를 시작한다. 낚싯줄은 바닥까지 내려야 한다. 우럭은 돌 틈에 숨어 사는 물고기이기 때문이다. 우럭뿐만 아니라 우럭 낚시에서 잡을 수 있는 볼락, 광어, 놀래미, 장대 등은 모두 바닥에서 사는 물고기이기 때문에 추를 바닥까지 내려야 한다. 낚싯줄을 내리다보면 추가 바닥에 툭 하고 닿는 느낌이 든다. 그러면 낚싯줄을 그만 풀고 낚시를 시작한다. 바다낚시를 할 때는 낚싯대를 가만히 두고 물고기가 미끼를 물기만 기다리면 안 된다. 물고기를 유인하기 위해 낚싯대를 위로 들어 올렸다가 놓아주는 '고패질'을 해주어야 한다.

니들이 낚시의 재미를 알아?

누군가는 낚시를 기다림의 재미를 느끼고 여유를 즐기는 것이라고 한다. 낚시를 해보지 않은 이들도 대부분 낚시를 그저 기다림이 대부분인 지루한 취미라고 생각한다. 하지만 나에게는 전혀 다른 이야기였다. 낚시를 하면 생각해야 할 것이 많아 지루할 틈이 없기 때문이다.

배를 타고 나가서 바다 한가운데에서 낚시를 한다고 물고기가 항상 잘 잡히는 것은 아니다. 잡히지 않는 경우가 더 많다. 배에

같이 탄 다른 사람은 물고기를 잡는데 나는 잡힐 기미가 보이지 않는다면 나에게 뭔가 문제가 있는 것이다. 먼저 미끼가 바늘에 잘 걸려 있는지 확인한다. 만약 문제가 없다면 낚시 방법을 바꿔야 한다. 미끼를 미꾸라지 대신 갯지렁이로 바꿔본다. 채비에 달린 두 개의 바늘에 각각 다른 미끼를 끼워보기도 한다. 미끼를 끼우는 방식을 달리할 수도 있다. 갯지렁이를 바늘에 끼울 때 몸통부터 끼웠다면 머리부터 끼워보기도 하고 꼬리부터 끼워보기도 한다. 낚싯대를 어떻게 들어 올려야 물고기가 의심 없이 미끼를 물지 생각하며 고패질의 타이밍을 다르게 시도한다.

치열한 고뇌의 과정을 거쳐 생각해낸 여러 방법을 시도하다보면 물고기가 잘 잡힐 때가 있다. 그렇다고 좋아하고만 있으면 안 된다. 이제부터가 진짜 고뇌의 시작이다. 잡히지 않을 때와 달라진 점은 무엇인지, 달라진 점이 낚시에 어떤 영향을 주었는지 생각해야 한다. 무엇이 중요하게 작용했는지 파악해 이를 바탕으로 다른 낚시 방법을 만들고 내가 만든 낚시 방법이 효과적인지 확인한다.

예를 들면, 나는 되도록 배의 앞부분에서 낚시를 하려고 한다. 배의 앞부분을 선호하게 된 배경은 이렇다. 바다낚시를 할 때 물고기가 잘 잡히지 않으면 선장님이 나를 다른 포인트로 데려다주신다. 그런데 매번 포인트에서 물고기가 가장 잘 잡힐 때는 포인트를 옮기고 처음 낚싯줄을 내리는 순간이다. 하지만 시간이 지날수록 물고기가 잘 잡히지 않는다. 나는 그 이유를 생각해보았다. 주변에 갑자기 먹이가 너무 많아지면 물고기가 그것은 먹이가 아니라 미끼라는 사실을 눈치 채는 것이 아닐까 하고 생각했다. 그래서 이를 확인하기 위해 비교적 선원들이 몰려 있지 않는 배의 앞부분에서 낚시를 해보았다. 그랬더니 직접 잡은 물고기 수를 세어보지는 않았지만 꽤나 잘 잡혔던 것 같다. 이처럼 물고기를 잘 잡는 데 중요한 요인이 무엇일지 생각해보고 이를 바탕으로 다른 방법을 실험하면서 나만의 노하우를 쌓는 것이 바로 낚시다!

하지만 내가 혼자 생각해낸 방식만으로 나만의 노하우를 쌓는 것은 비효율적이다. 그보다는 선장님처럼 낚시를 오래 해오신 분들의 경험을 적극 이용하는 것이 더 효과적이다. 낚시를 오랫동안 해온 사람의 방법에는 직접 낚시를 하며 쌓은 낚시의 지혜가 깃들어 있기 때문이다. 비슷한 논리로 몇백 년간 전해 내려오는 전통적인 낚시 방식에도, 많은 사람이 공통적으로 사용하는 낚시 방법에도 그만한 이유가 숨어 있다. 그래서 나만의 노하우를 만들 때 주변 사람들이 어떤 방법을 사용하는지 관찰하고 그 원리가 무엇일지 유추해내는 것도 직접 낚시를 하는 것만큼이나 중요하다.

그렇다고 해서 주변 사람들이나 선장님이 말씀해주신 방법을 그대로 따르지는 않는다. 그들의 방법을 유심히 지켜보고 경청하되 그 방법이 나오게 된 원리만 캐치해낸다. 여러 사람의 낚시 방법 속에서 캐치한 여러 원리를 적용해 나만의 방법을 생각해야 한다. 예를 들면, 나는 지난 여름방학 때 농어 낚시를 자주 다녔다. 농어 낚시는 우럭 낚시와는 달리 배를 열네 시간 정도 타는 고된 일정을 소화해야 한다. 배를 타는 비용도 만만치 않고 미끼도 살아 있는 새우만 써야 해서 미끼 비용만 몇만 원씩 한다. 흔히

'깔따구'라고 불리는 새끼 농어도 30센티미터가 넘고 성체는 평균 1미터 정도의 우람한 몸집을 자랑하는 생선이다. 이 농어는 때로 다니는데 굉장히 예민해 배에 탄 사람 중 한 명이 잡은 농어를 놓치는 실수를 하면 농어 떼가 모두 달아난다. 그래서 농어 낚싯배는 낚시를 꽤 오래 한 사람만 눈치껏 탈 수 있다.

재미있는 사실은 이렇게 낚시를 오랫동안 한 사람끼리도 낚시 방법이 다르다는 것이다. 선장님마다 하는 말씀도 모두 달랐다. 어떤 선장님은 농어는 예민하니까 낚싯대를 절대 움직이지 말라고 하신다. 다른 배를 타면 그 배의 선장님은 멀리 있는 농어가 새우를 볼 수 있게 오히려 가끔씩 고패질을 해줘야 한다고 말씀하신다. 사실 두 방법 중 어느 방법으로 낚시를 해도 농어는 잘 잡힌다. 그러나 내가 이 두 방법 중 하나를 선택해 그 방법만 따라 낚시를 하면 농어를 많이 잡아봐야 남들이 잡는 정도밖에 못 잡는다. 두 낚시 방법에서 원리가 무엇인지 캐치해 그 원리를 모두 아우를 수 있는 방법을 생각해내면 누구보다 농어를 잘 잡을 수 있는 절대적인 방법이 탄생한다.

결국 낚시는 직접 겪은 경험과 다른 사람의 방법에서 찾은 원리를 바탕으로 생각해낸 방법을 실험하고 나만의 노하우를 쌓는 과정이다. 낚시의 매력이 바로 여기에 있다. 내가 생각해낸 방법으로 낚싯줄을 내리고 물고기를 기다릴 때는 초조하면서도 설렌다. 하지만 실패할 때가 더 많다. 물고기가 잘 잡히지 않으면 다른 방법으로 다시 낚싯줄을 내린다. 이 머리 아픈 과정을 반복하다가 물고기가 낚싯줄을 파드닥 흔들면 내 몸도 같이 파드닥 떨릴 만큼 짜릿하다. 눈앞에서 내가 잡은 물고기가 역동적으로 파닥거리고 있는 것을 보면 뇌에 남은 원시적인 본능이 되살아나는 느낌마저 든다. 이게 낚시의 진짜 매력이다. 그래서 낚시에 한 번 빠지면 일상생활에서도 '어떻게 하면 물고기를 잘 잡을까?' 궁리하게 된다. 가끔 아버지들이 텔레비전에서 낚시 프로그램을 넋 놓고 보시는 것도 이런 이유에서다.

뇌 연구는 이렇게!

나는 '기억'을 연구하는 연구실에 다니고 있다. 기억을 연구하는 대략적인 과정은 다음과 같다. 먼저 쥐에게 특정 기억을 할 수 있는 경험을 하게 한다. 예를 들어 많이 쓰이는 방법으로 '청각공포조건화(auditory fear conditioning)'가 있다. 쥐에게 어떤 소리를 들려주고 전기 충격을 가해 공포 기억을 심는 방법이다. 쥐가 나중에는 소리만 들어도 무서워서 몸을 움직이지 않는다. 이를 통해 쥐에게 공포 기억이 잘 남아 있는지 확인할 수 있다. 이렇게 쥐에게 특정 경험을 시킨 다음 뇌의 어느 부분에서 활동이 많은지 확인한다. 쥐를 죽여서 뇌를 꺼낸 뒤 뇌의 단면을 염색해 어느 부분에서 활동이 잦았는지 살펴볼 수도 있고, 칼슘 이미징이나 전기생리학 기술을 이용하면 뇌의 특정 부분의 활동도 관찰할 수 있다.

　광유전학이라는 기술로 쥐의 뇌 활동을 우리 마음대로 조종할 수도 있다. 그러려면 쥐의 뇌에 빛에 반응하게 하는 바이러스

광유전학 기술을 사용하기 위해, 쥐의 뇌에 빛에 반응하는
바이러스를 접종하고 빛을 전달하는 기구를 꽂아놓은 모습이다.

를 접종하고 빛을 전달하는 기구를 꽂는 수술을 해야 한다. 기구
를 통해 뇌에 빛을 쬐어주면 바이러스가 발현된 부분의 뇌가 활
성화되고, 이때 쥐가 어떤 행동을 보이는지 확인할 수 있다. 예를
들어, 뇌의 어느 부분이 싸움을 담당하는 부분인지 알고 싶다면
먼저 쥐들끼리 싸움을 붙인다. 그런 다음 뇌의 어느 부분에서 활
동이 잦았는지 확인한다. 싸울 때는 여러 기능을 사용하기 때문에
뇌의 여러 부분에서 활동이 잦을 것이다. 그중에 '싸워야겠다'고
생각하게 하는 부분이 있다. 이를 확인하기 위해 광유전학 기술을
이용한다. 싸울 때 활동이 잦아지는 부분에 빛에 반응하는 바이
러스를 접종하고 빛을 전달하는 기구를 삽입한다. '싸우고 싶다'
는 마음이 들게 하는 뇌의 부분에 바이러스를 접종하고 빛을 쬐
면 쥐가 가만히 있다가도 싸울 것이고 빛을 끄면 싸우지 않을 것
이다. 이런 방식으로 싸움을 관장하는 뇌를 찾을 수 있다.

낚시에서 배운 과학

내가 연구실에 들어와 다양한 실험과 연구를 하면서 느낀 점은 과학이 낚시와 많은 부분에서 닮아 있다는 것이다. 먼저, 낚시와 과학 연구는 과정이 거의 비슷하다. 낚시에서는 물고기를 잡기 위해, 연구실에서는 뇌가 어떻게 작동하는지 알기 위해 가설이라는 것을 세운다. 낚시를 할 때는 내가 생각해낸 낚시 방법을 확인하기 위해 낚싯줄을 바다에 던진다. 연구실에서는 쥐의 뇌를 꺼내고 수술을 하며 낚싯줄을 던진다.

물고기가 항상 잘 잡히는 게 아니듯이, 실험 결과가 매번 잘 나오는 것은 아니다. 그러면 미끼가 잘 걸려 있는지, 실험 과정에서 잘못된 것은 없는지 확인한다. 모두 완벽하다면 무엇이 중요한 요인인지 다시 생각해야 한다. 미끼를 바꾸거나 낚싯대를 들어 올리는 타이밍에 변화를 주듯 연구실에서는 다른 방법과 다른 가설로 실험을 해본다. 그러면 실험 결과가 잘 나온다. 하지만 실험 결과가 선명히 나왔다고 해서 좋아하고만 있으면 안 된다. 무엇을 바꿔서 바라던 결과가 나온 것인지, 그게 어떤 방식으로 영향을 준 것인지 예측하고 이를 바탕으로 후속 실험을 진행해야 한다.

낚시와 비슷하게 과학 연구를 할 때도 실험 결과만 보고 가설을 세우는 것은 비효율적일 수 있다. 낚시의 지혜가 깃든 선장님의 방법 속에서 찾은 원리를 바탕으로 새로운 낚시 방법을 생각해내려 했던 것처럼 뇌를 연구할 때는 삶의 지혜에서 힌트를 얻을 수 있다. 예를 들면, "세 살 버릇 여든까지 간다" "자라 보고 놀란 가슴 솥뚜껑 보고 놀란다" 등의 속담에서도 영감을 얻을 수 있다. 이런 속담이 나오게 된 원리를 따지다보면 결국 뇌에 그 답이 있기 때문이다. 내가 다닌 중학교의 한 선생님은 "수업 끝나고 쉬는 시간에 5분 동안 복습하는 것이 시험 기간에 한 시간 동안 복습하는 것보다 효율적이다"라고 자주 말씀하셨다. 나중에 뇌를 공부하면서 뇌를 구성하는 뉴런 자체가 곧바로 복습하면 기억에 더 잘 남을 수밖에 없는 분자적 특성을 가지고 있기 때문이라는 사실을 알게 되었다.

개인적인 경험을 통해서도 뇌가 어떻게 생겼을지 생각해볼 수 있다. 고등학교를 다닐 때 사촌 형의 공부하라는 잔소리가 거슬렸는지 꿈에서 사촌 형을 때린 적이 있다. 이런 개인적인 경험들을 통해 여러 가설을 세워 낚싯줄을 던지다보면 아직 잘 알지 못하는 꿈에 관한 비밀을 풀 수도 있을 것이다.

과학에서 오는 재미도 낚시에서 오는 재미와 매우 비슷하다. 낚시의 재미는 내가 생각해낸 방법으로 물고기를 잡았을 때 느끼는 쾌감에서 온다. 과학도 마찬가지다. 여러 번 실패를 거쳐 생각한 가설이 맞아떨어질 때는 월척을 잡은 것처럼 짜릿하다. 그래서 과학에 한 번 빠지면 모든 것을 과학의 눈으로 보게 된다. 아버지들이 낚시 프로그램을 넋 놓고 보는 것처럼, 나도 학교에 지나다니는 거위를 보거나 내 친구들의 행동을 보면서 저들의 뇌 구조를 생각하게 된다.

앞서 말했듯이, 나는 어릴 때부터 과학과는 거리가 먼 학생이었다. 이런 내가 과학에 빠진 것은 낚시의 영향이 컸다. 낚시를 하며 물고기를 잡기 위해 혼자 가설을 세우고 나만의 낚시 방법을 만들어 낚싯줄을 바다에 던지며 여러 실험을 했다. 선장님의 말씀이나 다른 사람들이 사용하는 방법 속에서 원리를 캐치하고 이를 응용해 나만의 가설을 세우는 연습을 했다. 카이스트 대다수의 학생이 받은 영재 교육은커녕 학교에서 배우는 과학조차 싫다며 발버둥치던 나였지만, 낚시라는 다소 엉뚱한, 그러나 조금은 특별한 과학교육을 받은 것이다.

이 글을 통해 독자들에게 "나를 따라 얼른 낚시를 하라!"고 말하고 싶은 건 아니다. 다만 내가 생각하는 진짜 과학은 과학 시간에 배우는 것이 아니라 '일상의 문제를 해결하는 과정'이라고 말하고 싶다. 나는 "어떻게 하면 물고기를 더 잘 잡을 수 있을까?"라는 문제를 해결하기 위해 고민하며 과학을 배웠다. 과학을 즐기고 싶다면 얼른 지긋지긋한 과학 교과서에서 벗어나 일상의 문제를 파헤쳐보라! 그러면 어느새 '진짜 과학'을 즐기고 있는 자신을 발견할 것이다.

한라봉은 풍선을 싫어합니다

전기밎전자공학부 16 이기우

수상한 한라봉

'펑!'

풍선이 또 터지고 말았다. 도대체 이번이 몇 번째인지 모르겠다. 같이 작업하고 있던 친구들이 모두 나를 쳐다보며 나머지 일은 자기들이 마무리할 테니 빠지라고 말한다. 나는 한 걸음 물러서서 친구들이 장식을 마무리하는 모습을 그저 지켜볼 수밖에 없었다. 이날은 반 행사를 준비하던 날이었다. 즐거운 행사에 빠질 수 없는 풍선 장식들. 그 중심에 내가 있었다. 나는 친구들이 풍선을 불어주면 풍선을 받아 전달하는 역할을 맡고 있었다. 이 단순한 작업이 무료하게 느껴질 때쯤 교탁 위에 올려 있는 한라봉이 눈에 들어왔다. 담임선생님이 반 행사를 준비하느라 수고하는 친구들에게 준 선물이었다. 주위를 둘러보니 모두들 각자의 일에 전념하느라 아무도 한라봉에 손을 대지 않는 것 같았다. 내가 활약할 수 있는 좋은 기회였다. 나는 두꺼운 한라봉 껍질을 까서 친구들에게 나눠주는 동시에 풍선을 받았다. '펑!' 풍선이 터져버렸다. 한라봉이 너무 맛있어서 손에 힘이 너무 들어가버린 것이라 생각하고 다음 풍선을 받아 들었다. '펑!' 소리를 내며 풍선이 또 터져버렸다.

그 후로도 내가 받은 풍선들이 줄곧 터져버렸고 결국 나는 열외되었다. 한 걸음 뒤로 물러서서 왜 내가 받은 풍선만 계속 터지는지 곰곰이 생각해보았다. '손톱이 너무 길었나? 아니, 손톱은 어제 깎았는데? 너무 뾰족하게 깎았나? 그것도 아닌데…… 한라봉이 너무 맛있어서 나도 모르게 손에 힘이 들어간 것일까?' 이런

한라봉. 한라봉과 고무풍선 사이에는 어떤 관계가 있을까?

저런 생각을 하고 있는데 교탁 위에 남아 있는 한라봉이 눈에 들어왔다. 무언가 이상한 느낌이 들었다. 교실에서 한라봉을 손으로 직접 만진 사람은 나밖에 없었고 내 손에서 풍선이 계속 터졌기 때문이다. '한라봉과 풍선 사이의 어떤 반응 때문에 풍선이 터진 것은 아닐까?'라는 의문이 들었다. 미래에 연구자가 될 소년 기우는 한라봉과 풍선 사이의 관계를 설명하고 더불어 내가 가시손이 아님을 증명하고자 대대적인 실험을 준비하기 시작했다.

마침 제주도 현장 탐구 활동이 얼마 남지 않았던 터라 조원들에게 내가 겪은 신기한 현상을 설명하고, 과연 한라봉 속의 어떤 성분이 고무풍선을 터뜨리는지, 또 이 과정에서 어떤 화학적 결합이 작용하는지 탐구해보자고 제안했다. 모두들 관심을 보였고 '운향과 과일(한라봉, 귤, 라임 등의 과일)과 고무풍선 사이의 반응 메커니즘'이라는 주제로 역사적인 탐구가 시작되었다. 우선 위와 같은 현상이 우연히 일어난 일이 아님을 확인하기 위해서 한라봉 과즙을 불어놓은 풍선 위에 떨어뜨렸다. 아니 그런데 이게 무슨 일인가?! 풍선이 터지기는커녕 변형되는 기미조차 보이지 않았다. 풍선은 너무나도 평온했다.

혹시나 양이 너무 적은 것은 아닐까 하여 한라봉을 으깨서 과즙을 비커에 담은 뒤에 풍선에 부었다. 이번에도 풍선은 미동도 하지 않았다. 조원들이 의심의 눈초리로 나를 쳐다보기 시작했고 나는 민심을 진정시키기 위해 어떤 말이라도 해야만 했다. 당시 경험했던 현상이 정말 우연일 뿐인지 혼란스러워할 때 '꼭 과즙이 원인일 필요가 있을까? 즙이라면 껍질에서도 나올 수 있는 거

아닌가?'라는 생각이 머릿속을 스쳐 지나갔다. 동시에 한라봉 껍질을 까면서 껍질 속에서 뿜어져 나오는 즙이 눈에 들어가 상당히 고생한 기억이 떠올랐다.

옆에 있던 한라봉 껍질을 조금 잘라 즙을 짜서 풍선 위에 몇 방울 떨어뜨리자 '펑' 소리와 함께 드디어 풍선이 터졌다. 찰나의 순간에 들은 의문이 어떤 현상의 원인을 설명하는 데 결정적인 실마리를 제공하는 순간이었다. 대부분의 사람들이 과육만 즐겨 먹다보니 과육을 감싸고 있는 껍질에는 무관심한 경우가 많다. 그러던 껍질이 한 줄기 따스한 관심을 받는 순간이었다. 이렇게 껍질은 소중해졌다. 의문을 품는다는 것은 이처럼 평소에 인지하지 못하거나 무관심한 우리 생활의 어떤 부분에 소중한 의미를 부여할 기회를 만드는 것과 같다.

뜻밖의 용의자

한라봉의 껍질 즙이 고무풍선을 터뜨리는 원인이라는 것을 알아냈다. 그다음으로 해야 할 일은 무엇일까? 바로 껍질 속 어떤 성분이 고무풍선의 분자구조에 변형을 가해 풍선을 터뜨리는지 알아보아야 한다. 껍질 속에 들어 있는 물질을 조사하고 고무풍선을 터뜨릴 만한 것이 있는지 추려보았다. 추려진 물질을 보면서 가장 먼저 떠오른 후보는 산성 물질이었다. 산성 물질은 반응성이 매우 강한 녀석이기 때문에 대상을 변형시키기도 한다. 한라봉이나 귤과 같은 운향과 과일들이 시큼한 맛을 내는 이유도 과즙 속에 약산인 '시트르산'이 다량 함유되어 있기 때문이다.

한라봉 껍질에 들어 있는 산성 물질 때문에 고무풍선이 터진다는 가설을 세웠다. 가설을 직접 확인하기 위해 시트르산 가루를 물에 용해시킨 뒤 고무풍선 위에 몇 방울 떨어뜨렸다. 과연 풍선은 터졌을까? 풍선은 너무나도 멀쩡했다. 농도가 너무 묽은 산이라 터지지 않았나 싶어 염산을 풍선에 떨어뜨려보았지만 풍선은 이번에도 터지지 않았다. 우리는 다시 한번 당황할 수밖에 없었다. 상식적으로 산에 의한 고무풍선의 구조적 변화가 가장 그럴듯한 이유라고 생각했기 때문이다.

다시 처음으로 돌아가 껍질 속에 존재하는 물질들을 조사해 일일이 분자구조식을 찾아보았다. 첫 번째 시도가 실패로 돌아가자 '그럼 어떤 물질이 고무풍선을 터뜨릴까?'라는 의문이 들었다. 이 의문에 대한 한 가지 가설로 산성 물질 다음으로 비중을 많이 차지하는 것이 원인이 아닐까 생각했다. 산성 물질 다음으로 큰 비중을 차지하는 물질은 벤젠고리를 가지는 유기용매(유기물질로 이루어진, 즉 탄소를 포함하고 있고 다른 물질을 녹이는 물질)들이었다. 그중에서도 실험실에서 바로 확인해볼 수 있는 물질이 딱 한 가지 있었는데, 바로 '리모넨'이었다. 만약 리모넨에 의해 고무풍선이 터지는 것이라면 이번 연구는 예상보다 어려울 것 같았다. 유기용매의 반응은 같은 종류의 반응이라도 메커니즘(물질이 서로 영향을 주고받는 원리나 과정)이 매우 다양하고 많은 변수에 의해 영향을 받기 때문이다. 메커니즘을 예상했더라도 실제 물질이 항상 정해진 루트로 반응할지도 미지수다.

일단 설레는 마음 절반 부담감 절반으로 시약 창고에서 리모넨을 꺼냈다. 리모넨을 스포이트로 빨아들여 고무풍선에 떨어뜨리는 순간 매우 청량한 소리와 함께 풍선은 터져버렸다. 우리는 마치 여느 저명한 과학자가 새로운 물질을 발견했을 때처럼 기쁨의 환호성을 내질렀다. '산성 물질에 의해 고무풍선의 분자구조에 변화가 왔을 것이다'라는 우리의 생각이 보기 좋게 빗나가고 전혀 예상치 못했던 '리모넨'이라는 생소한 물질이 등장하는 순간이었다. 첫 번째 실험이 실패한 뒤에 좌절해 다른 어떤 의문도 갖지 않았더라면 이 감격스러운 순간을 만끽할 수 없었을 것이다.

이번 연구는 한라봉 껍질에 들어 있는 리모넨과 고무풍선 사이의 반응 메커니즘을 탐구하는 것이 궁극적인 목표였기 때문에 분자적 시각에서 접근할 필요가 있었다. 이는 자연스럽게 "리모넨의 어떤 분자구조가 고무풍선을 터뜨리는 데 가장 큰 영향을 미치는 것일까?"라는 의문으로 이어졌다. 다른 유기용매와 달리 '리

벤젠고리를 가지고 있는 리모넨의 구조식.

모넨'만이 갖는 특징에는 무엇이 있을까? 가장 큰 특징 중 하나는 바로 '벤젠고리'를 갖는다는 것이었다. 벤젠고리란 '벤젠'이라는 물질이 지니는 특징 때문에 붙여진 이름으로 탄소 원자 여섯 개가 한 평면에서 육각형 모양의 결합을 이룬 고리를 말한다.

이 벤젠고리가 고무풍선을 터뜨리는 데 영향을 미친다는 사실을 증명하려면 벤젠고리 구조를 갖는 리모넨이 아닌 다른 유기용매를 고무풍선에 떨어뜨려보고 고무풍선이 터지는지 관찰하면 된다. 더욱 정확하게는 벤젠고리를 가지는 유기용매와 가지지 않는 유기용매를 모두 실험에 사용해 벤젠고리를 가지는 물질에서만 고무풍선이 터진다면 위에서 제기한 의문의 답은 바로 '유기용매의 벤젠고리 구조'가 되는 것이다.

시약 창고를 찾아보니 벤젠고리를 가지는 물질로 '베타-피넨'과 '톨루엔'이 있었고 벤젠고리를 갖지 않는 물질로 '에탄올'과 '헥세인'이 있었다. 바람이 가득 채워진 네 개의 풍선을 준비해 네 명의 조원이 동시에 각 유기용매를 풍선에 떨어뜨렸다. 과연 어떤 풍선이 터졌을까? 놀랍게도 에탄올과 헥세인을 떨어뜨린 풍선은 멀쩡한 반면, 베타-피넨과 톨루엔을 떨어뜨린 풍선은 리모넨을 떨어뜨렸을 때와 마찬가지로 터져 형체를 알아볼 수 없었다. 정말로 벤젠고리를 가진 유기용매만 고무풍선과 반응한다는 사실을 알 수 있는 실험이었다. 여기까지 도달할 수 있었던 것은 실험 과정에서 떠오른 의문을 해결하려는 노력이 있었기 때문이다.

화학반응에서 어떤 물질들 사이에서 반응이 일어나는지도 알아야 하지만, 그보다도 반응의 경로를 아는 것이 중요하다. 우리는 리모넨의 벤젠고리 구조가 고무풍선을 터뜨리는 데 중요한 역할을 한다는 실험 결과에 만족하지 않고 벤젠고리 구조가 고무풍선 분자구조에 어떤 영향을 미치는지 그 '메커니즘'을 더 알아보고자 했다. 여러 의문이 들었지만 그중에서 가장 중요한 의문은 '고무풍선이 터진다는 것은 분자구조적으로 어떤 의미를 가지고 있는가?'였다. 이는 껍질 즙과 고무풍선 사이의 '메커니즘'을 탐구하는 데 매우 중요한 질문이었다. 인터넷에서 고무풍선의 분자구조식을 검색해보았다. 고무풍선은 탄소와 탄소 사이의 결합으로 이루어져 있다. 특별한 점은 단일결합과 이중결합이 반복적으로 나타나서 전체적으로 1.5중 결합 형태를 띄기 때문에 풍선이 탄력적으로 부풀었다 줄어들었다 할 수 있다는 것이다.

우리는 탄소와 탄소 사이의 단일결합과 이중결합이 반복된다는 특징에 주목해 리모넨이 고무풍선을 터뜨리는 이유를 다음과 같이 추론해보았다. "리모넨의 벤젠고리 구조가 고무풍선의 이중결합을 깨뜨려서 전체적으로 1.5중 결합을 유지하던 고무풍선이 탄력을 잃고 터지는 것이다." 위와 같은 추론을 화학 선생님께 말씀드리자 우리에게 "그럼 어떤 반응이 필수적으로 작용해야 할까?"라고 말씀하시며 유기화학 전공 책에서 적당한 반응을 찾아보라고 말씀해주셨다. 수많은 반응 가운데 우리가 주목한 부분은

'에폭시드 형성'과 '친핵성 치환 반응'이었다. 에폭시드는 탄소-산소-탄소가 3환상으로 결합한 화합물로 반응성이 매우 크다. 친핵성 치환 반응은 전자가 많은 친핵체가 전자가 부족한 친전자체를 공격해 분자 안에 있는 원자 또는 원자단을 바꾸는 반응을 말한다. 한라봉 껍질 즙이 고무풍선을 터뜨리려면 껍질 즙 속에 있는 리모넨 분자가 고무풍선의 이중결합을 깨뜨려야 하는데, 그 기작을 위의 두 용어로 설명하면 다음과 같다.

> 리모넨의 벤젠고리가 공기 중의 산소와 만나면 이중결합이 분해되고 그 자리에 산소 원자가 결합해 에폭시드를 형성한다. 에폭시드는 반응성이 매우 크기 때문에 언제든지 탄소 양이온과 산소 음이온으로 분리될 수 있다. 이렇게 분리된 '리모넨 에폭시드'의 탄소 양이온은 전자가 부족하기 때문에 친전자체가 되고 고무풍선의 이중결합된 탄소는 전자가 상대적으로 많기 때문에 친핵체가 된다. 이렇게 형성된 친핵체가 에폭시드의 친전자체인 탄소 양이온을 공격해 치환 반응이 일어나게 되고 이 과정에서 고무풍선의 이중결합이 끊어진다.

평범한 일상생활 속에서 겪은 특별한 경험과 이에 관한 엉뚱하지만 절대 작지 않은 의문에서 시작된 연구가 결실을 맺는 순간이었다.

책 속의 수많은 반응 기작을 보면서 각각의 반응이 탄소 이중결합을 깨뜨릴 만한 반응인지 판단하고 메커니즘을 예상하는 과정은 연구 절차 중 가장 힘든 시간이었다. 고무풍선을 터뜨리는 물질과 그 특성을 찾은 것만으로 만족하고 연구를 그만두고 싶다는 생각이 들 때마다, 행사 준비 당일 경험한 특별한 순간과 스스로에게 던진 '한라봉과 풍선 사이에 어떤 반응이 이루어지기에 풍선이 터지는 것일까?'라는 의문 하나는 힘겨운 시간을 견딜 수 있게 도와준 든든한 버팀목이었다.

우연히 어떤 현상을 관찰하다가 떠오르는 의문도 있는 반면, 다음 실험으로 넘어가기 위해 필수적으로 해결해야만 하는 의문도 있다. 만족스러운 실험 결과를 얻기 위해서는 우연적인 의문을 해결하고자 하는 의지와 호기심이 뒷받침되어야 한다. 연구자들의 관심이 없다면 전자의 우연히 떠오른 의문에서 후자의 필수적인 의문으로 넘어갈 수 없었을 것이다. 결과적으로 성공적인 실험은커녕 그 근처에도 도달할 수 없다. 우연히 발견한 한라봉과 고무풍선 사이의 반응 현상에 의문을 가진 채 직접 실험해볼 용기를 내지 않았다면 이후에 생겨난 필수적인 의문을 해결하지 못했을 것이고 고무풍선을 터뜨리는 물질이 놀랍게도 과육이 아니라 과즙에 들어 있었다는 것, 산성도가 아닌 특별한 분자구조 때문이었다는 사실은 영원히 알 수 없었을 것이다.

의문을 해결하는 것 자체가 새로운 도전을 의미하기도 한다. 해결 과정에서 뜻하지 않던 결과를 얻을 수도 있고 실패의 쓴맛을 볼 수도 있지만 이런 역경을 딛고 한 걸음 더 올라섰을 때 만족스러운 실험 결과를 맛볼 수 있다. 막바지에 '메커니즘'을 탐구하는 과정은 화학 전공자가 아닌 나에게는 매우 힘겨운 시간이었다. 유기화학의 '유' 자도 몰랐던 내가 수많은 반응을 이해하고자 밤을 새워가며 반응식을 적고 공부하는 시간이 없었다면 만족스러운 연구 결과를 얻지 못했을 것이다. 한라봉과 풍선 사이의 좋지 않은 관계를 알게 된 것은 사물이나 현상을 바라보는 시야를 넓혀준 훌륭한 경험이었다.

짭짤함과 찌질함은 같다

전기및전자공학부 17 **이지민**

"I was a car."

중간고사까지 일주일 남은 그날은 유독 공부가 안 되었다. 여자친구와 헤어지고 밤에 잠을 못 자서 그런지도 모른다. 매일 밤, 잠에 들 때쯤이면 그녀와 함께했던 추억이 나를 괴롭혔다. 내가 잘못했던 것을 생각하면서 자책하고, 그러다 펑펑 울면서 눈물 콧물 다 쏟았다. 맞다. 나는 좋게 말하면 순정남이었고, 나쁘게 말하면 찌질하게 집착하는 스타일이었다. 그래도 나름의 자존심은 있어서 절대로 헤어진 연인에게 연락은 하지 말아야겠다고 다짐하고 있던 참이었다.

그러나 언제까지고 감정을 억누를 수는 없는 법. 새벽 감성이 언제 터질지 모르는데도 전날 못 한 공부를 끝까지 남아서 하겠다고 아집을 부린 것이 화근이었다. 새벽까지 교양분관에서 공부를 하는데 사흘 전에 헤어진 그녀가 자꾸 머릿속을 맴돌았다. 잠깐 쉴 겸 핸드폰을 들고 카카오톡을 쭉 읽어 내리다가, 나도 모르게 그녀의 프로필에서 멈춰 섰다. 누르는 것을 참을 수 없었다. 무언가에 홀린 듯이 그녀의 메시지 창에 장문의 편지를 쓰기 시작했다. 물론 절대로 보낼 생각은 아니었다. 하지만 뭔가 그렇게라도 하지 않으면 내 마음이 너무 답답해서 아무것도 못할 것 같았다. 수줍게 처음 만났던 이야기부터, 즐겁게 데이트한 장소도 기억해보고, 이럴 줄 알았으면 평소 더 잘해줄 걸 했던 일들도 썼다. 여자 친구를 보기 위해 새벽 기차를 타고 갔던 부산도, 도서관에서 함께 공부했던 추억도 이젠 안녕, 백스페이스키와 함께 떠나가겠지…… 하던 순간,

"똑!"

진짜로

　메시지가

　　보내졌다.

순간 다리에 맥이 풀려서 자전거를 훔치다 걸린 엄복동마냥 철퍼덕 주저앉았다. 차라리 썼던 글이 그대로 보내졌으면 나았을 뻔했다. 백스페이스키를 누르고 있었는데 갑자기 그 아래에 있던 엔터키가 눌러져서 애매하게 문장 중간이 끊어진 채 보내졌으니까. 아아, 하늘도 무심하시다. 하루 종일 끊기던 와이파이는 꼭 이럴 때만 연결이 원활하다. 잘 전송되었음을 의미하는 노란 '1' 표시가 보였다. 메시지를 삭제해볼까? 그렇다고 한 번 보낸 메시지를

삭제하게 되면 '! 삭제된 메시지입니다'가 남게 되어 더욱 찌질해 보일 것만 같았다. 혹시나 하는 마음에 카카오톡을 닫고 핸드폰을 껐다가 켜봤지만 모두 헛된 희망이었다. 차라리 이렇게 된 거, 운명이라 받아들이고 잘려 나갔던 말들을 이어서 보냈다. 그렇게 마저 보내고 나니 오히려 속이 후련해졌다. 정말 쪽팔렸지만 그날 이후 감정이 잘 정리되어 중간고사 준비를 잘할 수 있었다.

연인과 헤어지면, 연인 얼굴보다 연인 집에 살던 귀여운 멍멍이가 더 보고 싶어진다

어느 대학교 대나무 숲에 이런 말이 있었더랬다. 나도 비슷한 감정을 느꼈다. 시험이 끝나고 난 뒤, 헤어진 여자 친구가 그립다는 생각을 하지 않게 되었는데, 이제는 왜 그때 메시지가 보내졌는지 너무 궁금해졌다. 무엇보다 난 분명히 조심스럽게 백스페이스만 눌렀고, 실제로 메시지의 중간까지는 잘 지워졌다. 손에 난 땀이 문제라기에는, 평소 카카오톡을 하는 데는 아무런 문제가 없었다. 나는 너무 궁금한 나머지 비슷한 상황을 연출해 실험하기로 했다. 간단하다. 먼저 장문의 카카오톡 메시지를 준비했다. 그런 다음 백스페이스를 꾹 누른다. 혹시 많이 반복하다보면 백스페이스 키가 아닌 엔터키가 중간에 눌릴 수도 있지 않을까? 충분히 가능성이 있지 않을까?

하지만 결과는 수십 번을 반복해도 달라지지 않았다. 터치는 다른 곳으로 절대 튀지 않았다. 꾹 누른 뒤 2초가 지나니 글이 한 문장 단위로 지워졌고, 3초가 지나니 한 단락 단위로 지워졌다. 즉, 일반적인 상황에서 터치가 튈 가능성은 정말로 없었고, 더군다나 글의 일부만 보내질 가능성은 더더욱 없었던 것이다. 나는 정말로 운명적으로 터치가 잘못되었다고 생각하고 넘어갔다.

그런데 우연하게 이 문제의 실마리를 얻게 되었다. 평소처럼 아침에 핸드폰으로 음악을 틀면서 샤워를 즐기고, 마지막에 핸드폰을 물로 쓱 헹구고 나가던 참이었다. 샤워 부스에서 나와 수건으로 몸과 핸드폰의 물기를 털었다. 그런데 핸드폰을 보니 유독 스크롤 하는 부분과 키패드 부분에 물기가 닦이지 않고 퍼져 있었던 것이다. 수건으로 닦아내도 오히려 수건에 있던 물기가 바로 퍼져나가서 화면 위의 물기가 사라지지 않았다. 바로 물과 유리 사이의 부착력이었다.

모두들 알다시피 물 분자는 화학식으로 H_2O로, 산소 한 개를 중심으로 수소 두 개가 팔을 벌리듯이 붙어 있는 구조다. 즉, 산소(O)와 수소(H)의 결합인 OH 결합이 두 개가 존재한다. 여기서 OH 결합은 전기적인 극성을 띄는데, 그것은 산소가 수소보다 전자를 당기는 힘이 매우 강하기 때문이다. 이에 따라 산소 원자 쪽은 전자의 극성인 (−)극을, 수소 원자 쪽은 핵의 극성인 (+)극을 띈다.

극성은 분자와 분자 사이에 당기는 힘을 만들어준다는 점에서 화학적으로 매우 특별한 성질이라고 할 수 있다. 물 분자에 있는 (+)극이 다른 물 분자에 있는 (−)극을 당겨주고, 반대로 물 분자에

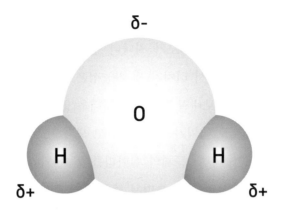

극성을 띠는 H_2O의 분자 모양을 나타낸 모습이다.

있는 (−)극이 다른 물 분자에 있는 (+)극을 당겨주기도 한다. 이처럼 OH 결합의 극성에 따른 인력을 수소결합(화학적 결합만큼 강하다는 의미일 뿐, 화학적 결합은 아니다)이라고 한다. 물은 OH 결합이 두 개나 있기 때문에 수소결합이 매우 강하게 일어나고, 수소결합을 통해 물 분자는 서로 응집하려는 성질을 갖게 된다. 따라서 일반적인 물방울은 동글동글한 형태를 보인다. 하지만 재미있는 점은 OH 결합이 유리의 표면에도 많이 존재한다는 것이다. 따라서 유리의 표면에도 수소결합이 작용할 수 있고, 물이 어느 정도 잘 붙게 된다. 이것이 물과 유리 사이의 부착력이다.

그러면 한 가지 의문점이 생긴다. 똑같은 유리 화면인데도 왜 스크롤 하는 부분과 키패드 부분에만 물이 닦이지 않고 퍼져 있었을까? 이것은 울퉁불퉁한 표면에서 더 큰 부착력이 작용하기 때문이다. 울퉁불퉁한 표면의 경우, 움푹 파인 표면 사이로 물이

스며들어간다. 따라서 결과적으로 매끈한 면보다 물과 면이 만나는 실제 표면적이 넓어진다. 유리와 물이 만나는 표면적이 크면 클수록 물과 유리 사이의 (+)극과 (−)극이 많이 만난다. 이는 수소결합이 더 많이 일어난다는 것을 의미하며, 부착력이 강해지는 결과를 낳는다. 우리가 일반적으로 핸드폰 스크린에서 손가락과 가장 많이 마찰하는 부분은 스크롤 하는 부분과 키패드다. 이곳에 보이지 않지만 수없이 많은 흠집이 만들어진다. 이 울퉁불퉁한 흠집 때문에 매끈한 부분은 수건으로 바로 닦이지만 스크롤 하는 부분과 키패드는 바로 닦이지 않았다.

유레카! 바로 이거다!

그래서 바로 실험해보았다. 샤워했을 때와 마찬가지로 핸드폰을 물로 헹군 뒤 수건으로 닦아내 핸드폰 키패드 부분의 백스페이스키와 엔터키 위에만 정말 얇게 물이 퍼지도록 만들었다. 처음에 실험했던 것처럼 장문의 카카오톡 메시지를 준비하고, 백스페이스키를 꾹 눌렀다.

하지만 실패했다. 엔터키는 눌리지 않았고, 여태까지 실험했던 것처럼 백스페이스만 눌렸다. 생각해보면 당연히 그럴 수밖에 없었다. 물은 도체가 아니기 때문이다. 우리가 핸드폰에 쓰는 터치 스크린은 정전기식 터치 방식을 사용한다. 핸드폰 화면에는 미세한 전류가 흐르는데, 손과 같은 도체를 델 경우에만 전류가 화면

밖으로 새어나간다. 핸드폰은 이 새어나가는 부분을 터치하는 부분으로 인식하는 것이다. 물은 소금과 같은 전해질이 녹기 전까지 전류가 잘 흐르지 않으므로 거의 부도체와 같다. 아, 그러면 손에 적절히 소금기가 생긴다면 어떨까? 과연 손에 있는 소금기만으로도 물에 충분한 전해질이 생겨서 전류가 흐를 수 있을까? 이런 생각에 실험을 다시 고안하게 되었다. 손을 씻지 않고 하루 종일 돌아다녀서 왼손에 땀을 최대한 농축시켰다. 적절히 땀이 농축되었을 때, 오른손으로 핸드폰을 물로 헹구고 수건으로 닦아준 뒤, 백스페이스키를 눌렀다.

마침내 성공했다. 검지 지문 사이사이에 끼어 있던 소금기가, 그 짭조름한 맛들이 화면 위 소량의 물에 녹으면서 물속의 전해질이 되었고, 이것이 백스페이스가 아닌 엔터키의 터치를 일으켰던 것이다. 비로소 왜 메시지를 지우던 중간에 '보냄' 버튼이 눌렸는지도 알게 되었다. 먼저 손가락으로 백스페이스키를 눌렀을 때 대다수의 전류가 손가락으로 빠져나가므로 백스페이스키가 우선적으로 터치 입력이 되었을 것이다. 이후 땀 속의 전해질 때문에 엔터키가 조금 늦게 터치 입력이 되었다. 손에서 땀이 조금 더 나자 백스페이스키에서 새어나가는 전류의 양이 줄어들었고, 핸드폰은 터치가 떼어졌다고 인식했다. 엔터키로 빠져나가는 전류는 계속 일정했기 때문에 그대로 엔터키가 입력되어 메시지가 보내진 것이다. 아아, 기계는 거짓말을 하지 않는다. 우연처럼 보이는 현상도 결국 복잡한 요인들의 결합일 뿐이다.

손이 매우 짭조름할 때 백스페이스키와 엔터키가 한 번의 터치

스크롤을 하는 부분에만 물이 퍼져 있고, 나머지 부분은 물이 동글동글한 형태다.

로 눌릴 수 있다는 사실을 깨달은 뒤, 보내져서는 안 될 카카오톡이 보내진 그때가 다시 생각났다. 생각해보면 손에 소금기가 넘쳐났을 법도 했다. 새벽까지 긴장하면서 공부하다가 전 여자 친구 생각에 눈물과 콧물을 질질 흘리고, 그걸 손으로 대충 쓱 닦아냈으니까. 눈물과 콧물, 그 무엇 하나 짜지 않은 것이 없지 않은가. 그렇게 소금기가 고농축된 손으로 핸드폰을 잡아서 카카오톡을 썼으니, 당연히 적은 양의 땀으로도 엔터키까지 눌렸을 것이다.

지금도 가끔씩 꿈에서 카카오톡을 잘못 보내는 꿈을 꾸곤 한다. 정말 식겁하면서 일어난다. 눈물과 콧물로 범벅이 된 와중에 카카오톡으로 편지를 쓴 나를 멍청하다고 해야 할까? 짭조름한 손 때문에 절대로 보내지 말아야 할 편지가 보내져 부끄럽다고 해야 할까? 아니면 조금 찌질했지만 편지가 보내진 덕분에 쓰리던 속이 싹 내려가서 다행이라고 해야 할까? 이제는 잘 모르겠다. 정말 짭짤하게 찌질한 경험이었다. 그래도 지금 그때를 생각하면 헛웃음만 나오는 것을 보면, 억지로라도 장문의 편지를 지우지 않고 보내게 해준 눈물과 콧물에게 조금은 고마워진다. 그렇게 부끄러운 기억으로 감정이 정리되어 연애 시절의 좋지 않았던 기억도 잘 미화되었다고 생각한다.

아무튼 지금은 혹시라도 이런 일이 또 생기지 않도록, 보내지 않을 말은 카카오톡에 쓰지 않고 메모장에 쓰고 있다. 찾아보니 엔터키로 메시지를 전송하지 않고 줄 바꿈 기능으로 변경할 수 있는 설정이 있어서 적용시켰다. 아마도 나처럼 바보 같은 실수를 하는 사람이 또 있었던 모양이다. 마지막으로, 교양분관에서 울면서 혼자 북 치고 장구 치는 동안 옆자리에서 꿋꿋하게 분자생물학을 공부하시던 학우에게 심심찮은 위로를 건넨다.

섬유 짜던 젊은이

신소재공학과 16 **이준영**

어떤 학부생의 어떤 섬유

평소처럼 쏟아지는 졸음과 사투하며 오후 강의를 듣는 날이었다. 배부르게 점심을 먹어서 강의에 집중하기 유독 어려운 날이었다. 센서와 관련된 실제 연구를 다루는 과목의 강의였다. 여러 샘플 사진이 순식간에 지나가던 중에 한 장의 사진이 눈에 띄었다. 샘플을 현미경으로 확대한 사진에서 처음 보는 특이한 구조가 보였다.

일단 샘플은 단면 직경이 200나노미터 정도인 섬유였다. 그러니까 머리카락 두께의 250분의 1 정도다. 나를 놀라게 한 것은 섬유의 얇은 두께가 아닌 섬유의 단면 모양이었다. 단면은 장미와 똑 닮았다. 누군가 샘플 사진을 빨간색으로 칠했다면 졸고 있던 나는 장미로 착각했을지도 모른다. 머리카락보다 훨씬 얇은 이 섬유는 다시 그 안에 장미처럼 겹겹으로 된 구조를 가지고 있었고 곳곳에는 작은 구멍까지 나 있었다.

서당 개 삼 년이면 풍월을 읊는다고 했던가. 여러 학기 연구실을 다닌 나는 저런 구조의 섬유가 얼마나 대단한 것인지 한눈에 알아볼 수 있었다. 가스 센서의 경우 가스와 접촉할 수 있는 면적이 넓을수록 유리해서 같은 직경의 섬유라도 겹겹으로 이루어진 구조라면 성능이 비약적으로 올라간다. 길이 당 가스가 붙을 수 있는 면적이 훨씬 넓기 때문이다. 작은 구멍은 구조를 무너뜨리지 않으면서도 동시에 가스가 잘 통할 수 있는 통로 역할을 해서 센서 성능에 크게 기여할 수 있다. 따라서 장미 모양의 단면과 여러 구멍을 가진 섬유는 가스 센서로서 거의 완벽한 구조라고 할 수 있다.

교수님께서 이 섬유에 관한 연구는 구조의 독특함과 성능의 우수함 때문에 저명한 SCI 논문의 표지를 장식했다고 말씀하셨다. 이어지는 교수님의 말씀은 더 놀라웠다. 해당 논문의 제1저자는 당시 내 또래의 학부생이었다는 것이다. 강의를 같이 듣던 대학원생들의 눈이 커졌다. 몇몇은 웅성거리기도 했다. 박사 과정 학생도 논문 한 편 게재하기 어려운 논문에 표지 논문을, 그것도 학부생이 게재했다니 놀라지 않을 수 없었다.

교수님께서는 아마 해당 학생의 성실함이 비결이었을 거라고 덧붙이셨다. 그러고는 다들 연구에 진득하게 매달려서 좋은 결과를 얻길 바란다는 덕담으로 강의를 마쳤다. 기숙사로 들어가는 내내 동기와 수업 때 본 섬유 이야기를 나누었다. 오늘 본 섬유가 얼마나 만들기 어려울지, 학부생이 그 논문을 내려고 얼마나 부지런하게 공부했을지, 그 논문의 표지를 장식하는 게 얼마나 어려운지 등등…… 얼굴도 모르는 학부생을 향한 찬양을 마치고 방으로 돌아왔다.

"끓을 만큼 끓어야 밥이 되지. 생쌀이 재촉한다고 밥이 되나." 강의 마지막에 교수님께서 하신 덕담 때문인지 문득 이 문구가 떠올랐다. 윤오영 수필가의 작품 「방망이 깎던 노인」에서 가장 인상적인 대목이다. 나도 장인 정신을 높게 평가했던 것 같다. 그래서 책상 위에서 하는 전공 공부도 연구실에서 하는 실험도 항상 우직하게 해왔다. 자연스레 독특한 섬유로 SCI 논문의 표지를 장식한 그 형도 상상하기 힘들 정도로 많은 시간과 노력을 연구에 투자했을 것이라 확신했다. 그리고 스스로를 더욱 채찍질했다.

다음 날부터 오후 강의를 포함한 어떤 강의에서도 졸지 않았다. 바쁜 시간을 더 쪼개고 쪼개서 연구실에 나갔다. 공강 때마다 연구실에 와서 샘플을 만들고 틈틈이 연구 주제와 관련된 논문을 읽었다. 몸은 조금 피곤했지만 매일 보람찬 하루를 보냈다. 졸업 전에 논문을 내겠다는 큰 포부도 생겼다.

그러다 하루는 연구실에 있는 선배가 내가 변한 계기를 물어보았다. 쑥스러워하면서도 이야기를 모두 했는데 선배의 표정이 조금 묘했다. 선배는 그 섬유에 관한 논문을 쓴 형과 실제로 알고 지냈다고 말했다. 매사에 유쾌한 형이었다고 소개했다. 이내 선배는 그 논문에 관한 비하인드 스토리를 들려줬다.

반전 비하인드 스토리

우선 얇은 섬유는 대개 '전기 방사(電氣放射)'라고 불리는 방법으로 짜낼 수 있다. 원하는 섬유 물질이 포함된 용액을 주사기에 담고 전압을 걸어주는 것이 전기 방사의 전부인데 원리는 매우 단순하다. 수도를 틀면 수압에 의해 수도꼭지 구멍에서 물줄기가 나오듯, 전기 방사에서는 전압에 의해 주사기 구멍에서 섬유가 나오는 것이다.

그러나 전기 방사로 얻어지는 일반적인 섬유는 겹겹으로 되어 있지 않다. 대개는 속이 가득 차 있는 구조다. 사실 겹겹인 구조가 만들어지려면 생성 과정에서 물질이 모종의 이유로 갈라져야 한다. 그래야 공간상의 분리가 일어나 여러 겹이 될 수 있다. 그 형은 비정상적으로 빠른 속도로 섬유를 짜내 장미와 같이 겹겹으로 된 구조를 만들어냈다고 한다.

머리가 긴 사람을 생각해보자. 평소처럼 걷는다면 머리칼은 차분하게 모여 있을 것이다. 그러나 롤러코스터에 타서 매우 빠르게 움직이면 상황은 달라진다. 차분하게 모여 있던 머리칼은 붕 떠서 움직이는 반대 방향으로 펄럭거리고 여러 갈래로 갈라질 것이다. 이런 현상은 전기 방사에서도 마찬가지다. 일반적인 속도로 섬유를 짜내면 섬유를 구성하는 물질이 섬유 곳곳에 균일하게 퍼져 있을 것이다. 그러나 비정상적으로 빠른 속도로 섬유를 짜내면 섬유를 구성하는 물질이 섬유가 짜지는 방향의 반대쪽으로 늘어져 여러 방향으로 갈라질 것이다. 실제 원리는 이보다 조금 복잡하지만 기본 원리는 비슷하다.

아무튼 그 형은 아무도 시도하지 않는 속도로 섬유를 짜내서 속이 장미처럼 겹겹으로 된 구조도 만들고 논문도 써낼 수 있었다. 형이 섬유를 매우 빠르게 짜낸 계기는 다소 황당했다. 물리적 직감이나 자연에서 얻은 영감 같은 게 아니었다. 형은 평소 게임을 매우 좋아했다고 한다. 하루는 저녁 시간에 게임 이벤트가 있었다. 그래서 일찍 퇴근하고 싶은데 하필 다음 날 실험 예약을 해놓아서 갈등했다고 한다. 샘플 없이 빈손으로 갈 수는 없어서 어떻게 해야 하나 고민하다가 용액을 권장 최대치보다 빠른 속도로 방출시켰다고 한다. 이렇게 급하게 얻은 섬유를 다음 날 확인해보니 특이한 구조가 나타난 것이다.

물론 게임 이벤트가 있던 날에 얻은 섬유로 바로 논문을 쓸 수 있었던 건 아니다. 실험 조건을 정밀하게 맞추고 얻은 샘플이 아니었기에 재현성 있는 섬유 생성을 위해 이후에 거듭된 실험을 반복해 멋진 논문을 써낸 것이다. 하지만 결정적인 아이디어를 얻은 계기는 필연보다 우연에 가까웠다.

찾아온 행운을 거머쥔다는 것

지금이야 그 형의 이야기를 아무렇지 않게 풀어갈 수 있지만, 처음 그 이야기를 들었을 때는 마음이 매우 복잡했다. 대단한 비하인드 스토리를 기대한 건 아니었지만 게임을 좋아한 것이 결정적인 계기였다는 사실이 허탈했다. 이 허무함을 내가 아는 형용사로는 온전히 표현하지 못하겠다.

허무함은 곧 이유 없는 분노로 바뀌었다. 아마 치기 어린 질투에서 비롯됐을 것이다. 누구는 공부와 연구에 매일매일 모든 시간을 쏟아붓고 있는데, 누구는 운이 좋아서 대단한 성과를 한 번에 거머쥐나 싶었다. 이제 와서 생각하면 조금 우습지만 얼굴도 모르는 형한테 괜히 화가 나 있었다.

분노는 오래가지 않았지만 허무감에서 자라난 회의감은 일상을 변화시켰다. 지금 하는 공부와 실험이 직접적인 도움이 되지 않을 것만 같은 느낌이 들어 무기력한 하루하루를 보냈다. 그러다 보니 점점 보람보다는 피로가 커졌다. 자연스레 처음에 가졌던 열정은 완전히 식어버렸다.

어느 날 갑자기 그 형의 근황이 궁금해졌다. 논문 제목을 찾으니 저자 명단이 바로 나왔다. 구글 학술 검색을 통해 그 형의 근황을 쉽게 찾을 수 있었다. 형의 이름을 검색하자 열 편이 넘는 논문이 나왔다. 대부분 형이 제1 저자로 등록되어 있었다. 가장 먼저 장미 모양 단면을 가진 그 섬유에 관한 논문이 눈에 들어왔다. 다른 논문도 읽어봤는데 인상적인 것이 많았다. 하나같이 독특한 발상으로 멋진 성과를 낸 연구였다.

내가 형과 같은 상황에 처했다면 과연 그 운을 잡을 수 있었을까? 스스로 물어봤다. 늘 정석대로 공부하고 연구해온 나는 아마 권장치보다 빠르게 섬유를 짜낼 생각은 하지 못했을 것 같았다. 사실 수업에서 전기 방사를 배울 때도 훨씬 빠르게 짜내면 어떤 일이 생길지 깊게 고민하지 않았다. 설령 급한 일정이 있어서 빠른 속도로 섬유를 짜냈다고 해도 보나마나 결과가 별로일 것이라며 주의 깊게 보지 않았을지도 모른다.

그날 형에게는 분명 행운이 찾아왔던 것 같다. 하지만 행운을 멋진 성과로 바꾼 것은 온전히 형의 역량과 노력이다. 만약 형이 순전히 운으로만 논문을 거머쥐었다면 이후로는 멋진 논문을 내지 못했을 것이다. 형은 그 후로도 실력을 분명하게 증명해왔다. 어쩌면 나는 게임이라는 단어에 지나치게 집착해 형의 숨은 노력을 제대로 못 봤을지도 모르겠다.

이렇게 나의 짧은 방황은 끝이 났다. 행운이 언제 찾아올지 모르겠지만 그 전까지 실력을 쌓아서 나도 기회를 잡겠다고 결심했다. 나는 학업에 다시 몰두할 수 있었다. 강의실에 가는 길도, 실험실에 가는 길도 예전처럼 즐거워졌다.

방망이와 섬유

방망이를 깎던 노인과 섬유를 짜던 젊은이의 자세는 사뭇 다르다. 노인은 조금도 요령을 피우거나 서두르지 않고 진지하게 방망이를 깎는 데만 집중했다. 젊은이는 종종 급하게 섬유를 짰다. 게임을 하고 싶어 요령을 피운 적도 있다. 진지하기보다는 유쾌하게 연구에 몰두했다.

그럼에도 불구하고 노인이 깎은 방망이와 젊은이가 짠 섬유 중

걸작이 아닌 것은 없었다. 아마도 방망이를 깎는 것과 섬유를 짜는 것이 서로 다른 특징을 가지기 때문일 것이다. 방망이는 쓰임새가 너무나도 명확하다. 그래서 사용하기에 가장 적합한 크기와 모양이 거의 결정되어 있다. 방망이는 원하는 대로 깎을 수도 있다. 따라서 방망이 장인은 이상적인 규격대로 방망이를 만드는 데만 집중해야 한다.

반면 과학에서 연구는 그 쓰임새를 연구자조차도 확신하지 못한다. 가끔은 실패한 줄 알았던 연구가 예상치 못한 분야에 적용되어 대박이 나기도 한다. 연구는 종종 예상한 대로 흘러가지 않는다. 생각지 못한 변수 때문에 나쁜 결과가 나올 수도 있지만, 의외로 훌륭한 결과가 나오기도 한다. 게임 때문에 섬유 용액 방출 속도를 높였더니 독특한 섬유를 얻은 그 형의 사례처럼 말이다. 그러므로 연구자는 열린 마음을 가지고 조금은 유쾌하게 최선을 다해야 한다.

발명가 에디슨은 이런 말을 남겼다. "천재는 1퍼센트의 영감과 99퍼센트의 땀으로 이루어진다." 많은 사람이 노력의 중요성을 시사하는 명언으로 알고 있다. 그러나 에디슨이 말하고자 한 바는 오히려 99퍼센트의 노력조차도 1퍼센트의 영감 없이는 무의미하다는 것이었다고 한다. 우연한 계기든 노력의 부산물이든 노력을 유의미하게 바꿔주는 1퍼센트의 무언가가 99퍼센트의 노력 못지않게 중요하다는 것이다.

나는 이제껏 99퍼센트의 노력에만 초점을 맞추며 살아왔다. 그리고 형의 이야기를 처음 들었을 때는 1퍼센트의 우연에 눈이 멀어 99퍼센트의 노력은 간과했다. 그러나 둘 중 가볍게 여길 것은 하나도 없다. 앞으로는 조금은 가벼운 마음가짐으로 연구를 즐기면서 99퍼센트의 노력과 1퍼센트의 무언가를 모두 갖춘 멋진 연구자가 되고 싶다.

한의원에도 가봤니?

산업및시스템공학과 13 **권상민**

두 번의 경험

우리는 아플 때 병원에 간다. 눈에 이상이 있으면 안과를, 코에 이상이 있으면 이비인후과를 간다. 병원은 당연히 건강을 회복하기 위해 간다. 만일 회복되지 않으면 다른 병원을 찾는다. 하지만 한의원에 가볼 생각은 잘 하지 않는 듯하다. 한의원을 어르신들이 가는 곳이라고 여기거나 한방 진료 본질에 대한 의문을 가지고 있기 때문이다. 첨단 의료 기구와 체계적인 데이터 분석을 바탕으로 한 양방 진료와 달리, 침을 놓고 쑥뜸을 뜨는 한방 진료는 신뢰하기 어려울 수 있다. 하지만 이러한 생각은 일방적인 편견이다. 한방 진료도 과학적인 진료다. 양방 진료에 대한 일방적인 맹신은 위험하다.

고등학교 재학 시절 몸이 매우 불안정하다고 느낀 적이 있었다. 마치 몸 안에 있는 다른 생물이 밖으로 나오려고 팔, 다리, 가슴 등 곳곳에서 불끈불끈 몸부림치는 느낌이었다. 잠을 잘 때도 증상은 계속 나타났다. 외관상으로는 아무런 문제가 없어 보였다. 그래서 이 추상적인 증상을 다른 사람들이 충분히 이해하도록 설명할 수 없었다. 전달이 제대로 되지 않다보니 부모님도 심각하게 생각하지 않았고 수많은 양의사도 대수롭지 않게 생각했다. 실제로 여러 검사 결과는 모두 정상이었다. 결국 돌아오는 진단은 전부 스트레스성 증상이니 마음을 편안하게 가지라는 이야기였다. 하지만 증상이 생생하게 느껴지는데 어떻게 마음을 편안하게 가지겠는가. 증상은 나날이 심해졌다. 급기야 잠을 잘 때 팔다리가 경련을 일으키는 단계에 이르렀다. 이 모습을 우연히 본 어머니께서 한방 치료를 권유하셨다. 한의원에서 '계' 증상이라는 진단을 받았다. 꾸준한 마사지와 함께 처방된 한약을 먹기 시작하자 거짓말같이 증상이 사라졌다. 내 몸은 건강을 회복했다.

한의원에 가기 전까지 한방에 대한 편견이 있었다. 값비싼 한약과 왠지 모르게 신뢰하기 어려운 진료 과정 등이 이유였다. 하지만 한의원에 가자마자 증상은 씻은 듯이 사라졌다. 도대체 왜 양방에서는 제대로 진단조차 못한 것일까? 이 사건을 계기로 내 머릿속에서 한방에 대한 편견을 지웠다. 양방에서 치료하기 힘든 질병을 한방에서는 고칠 수도 있다는 생각을 가지게 되었다.

제대하면서 굉장히 심한 비염을 가지고 나왔다. 코 내부가 조이고 막힌 느낌이 들었고 후비루 증상까지 동반되어 틈만 나면

우리나라 전통 한의원의 모습이다.

콩콩댔다. 이를 해결하고자 수많은 이비인후과와 2차 의료 기관에 가서 진단을 받았다. 심지어 수술도 했다. 비중격만곡증(코 내부의 중심 뼈대가 휘어 호흡을 방해하는 증상)이 있다는 진단을 받고서 수술을 받았지만 호전되지는 않았다. 그뿐만 아니라 어디를 가도 아무런 문제가 없다는 진단이 나오니 너무 답답했다. 이때 불현듯 생각난 곳이 한의원이었다. 즉시 한의원으로 가서 치료를 받기 시작했다. 결과는 해피엔딩이었다. 진료가 시작된 지 한 달도 채 되지 않아 콩콩대는 습관이 사라졌다. 점차 코 내부가 조이는 느낌이 없어지고 호흡이 편안해지기 시작했다. 지금은 한약 복용과 치료를 병행하면서 식단 조절을 통해 재발의 위험성을 줄여나가고 있다.

두 번의 경험을 통해 양방에 대한 절대적 신뢰가 깨졌다. 반면 한방에 대해서는 전에 없던 신뢰가 생겼고 한방 진료도 과학적 진료라는 생각이 들었다. 내 질병을 치료한 한방이 과학적이지 않다면 치료는커녕 진단조차 제대로 못한 양방 치료는 도대체 어떤 의미에서 과학적인지 이해하기 어렵다.

나처럼 양방에서 치료하지 못한 질병을 한방에서 치료하는 경우는 수없이 많다. 특히 연세가 많으신 분, 만성 질환을 가지고 계신 분이라면 그 수는 더욱 늘어난다. 왜 그런 것일까?

'과학적 진료'를 찾아서

양방에서 치료하지 못한 질병을 한방에서 치료할 수 있는 근본 이유는 질병에 대한 시각 차이에서 비롯된다. 양방에서는 질병을 해당 부위의 문제로 인식한다. 비염은 코의 문제로, 식도염은 식도의 문제로 보는 것이다. 그래서 해당 부위에 적합한 약물을 투여하거나 수술을 집도한다. 병명도 해당 부위의 이름을 따서 짓는다. 반면 한방에서는 질병을 몸 전체 시스템에 이상이 생긴 것으로 본다. 비염을 몸의 조화가 무너져 나타나게 되는 현상으로 파악한다. 그래서 온몸에 침을 놓고 수술이 아닌 재활의 방식으로 치료한다. 실제로 비염 치료를 위해 양의사를 찾아갔을 때 코 내부가 건조하고 부어 있으며 비중격만곡증이 있다고 진단받았다. 반면 한방에서는 태음인이기에 몸에 열이 많아 아래의 열이 위로 올라와 비강을 자극한다고 진단받았다. 양방에서는 비중격만곡증 수술을 받았고, 한방에서는 열을 낮추는 한약을 복용했다.

양방에서는 치료가 어려운데 한방에서 치료가 가능한 대표적인 질병으로는 앞서 언급한 '계' 증상을 비롯해 구안와사, 류머티스 관절염 등이 있다. 질병들을 살펴보면 유독 신경계통 질병이 많다는 걸 알 수 있다. 이는 양방과 한방의 질병에 대한 시각 차이와 그로 인한 약의 제조 방법의 차이에서 비롯된 특징이다.

양방에서는 관찰, 실험, 임상의 체계적 과정을 거쳐 약을 제조한다. 질병 치료에 적합한 성분만 집중적으로 뽑아내기에 최적화된 약이라고 말할 수 있겠다. 사람들이 한약보다 양약을 신뢰하는 이유 중 하나이기도 하다. 하지만 맹점이 있다. 관찰되지 않은 부분은 해결이 불가능하다는 것이다. 데이터가 없는 질병은 검증된 약이 있을 리 없으므로 치료가 불가능하다. 양방에서 치료 방법이 없다고 말하는 경우가 대부분 이에 해당한다. 신경계는 하나의 부위라기보다는 연결된 집합체. 그래서 신경계 질환의 원인을 명확하게 찾아내기 어렵고 치료의 난이도가 높다. 자칫 잘못 신경을 건드려 엉뚱한 질병을 유발할 수도 있다.

한의원에서는 경험적 지혜와 고대 서적을 근거로 여러 약재를 조합해 약을 제조한다. 치료에 필요한 성분만 뽑아내는 것이 아니라 성분을 가진 약재를 통째로 조합하는 것이다. 제조된 약은 몸 전체 시스템의 회복을 유도한다. 따라서 치료 기간이 긴 편이다. 참고로 내 비염 치료의 기간은 최소 6개월 걸린다는 이야기를 들었다. 몸 전체의 건강을 유도하므로 재발이 적은 게 장점이다. 신경계 질환에도 효과적이다. 몸 전체 시스템 회복과 온몸에 뻗어 있는 신경계의 회복은 같은 맥락이기 때문이다. 양방 치료로 효과를 보지 못했다가 한방 치료로 건강을 회복한 사람들은 대체로 신경계 질환을 앓는 경우가 많다.

그렇다고 한약이 장점만 가지고 있는 건 아니다. 여러 약재를 섞어서 한약을 만들기 때문에 재발은 막아도 엉뚱한 부작용이 생길 수 있다. 한약을 잘못 먹어 체질이 바뀌는 경우가 이에 해당한다.

신경계 질환은 한방 치료가 더 효과적이라면 외과적 질환은 양방 치료가 더 효과적이다. 나는 중학교 3학년 때 탈장(장의 일부가 제 위치를 벗어나는 질병)이라는 질병을 앓았다. 당시 외과 수술로 탈장을 치료했다. 이때 한약을 먹거나 침을 맞았다고 가정해보자. 장에 메스를 대지 않고 간접적으로 몸 전체 시스템을 회복시키려 했다고 가정해보자. 장이 제 위치로 스스로 돌아갔을 것이라고 예상하기란 무척 어렵다. 누구든 이 질환은 외과 수술이 효과적인 방법이라는 데 동의할 것이다.

이를 통해 우리가 알아야 하는 점은 양방과 한방의 전문 분야가 다르다는 것이다. 양방 진료가 효과적인 질병이 있고, 한방 진료가 효과적인 질병이 있다. 양방을 맹신해서도 안 되고 한방만 신뢰해서도 안 된다. 양방과 한방의 치료에 대한 접근 방식 자체가 다르다는 사실을 인지해 본인의 질병에 적합한 곳을 찾아가 치료를 받는 것이 가장 중요하다. 이것이야말로 진정한 과학적인 치료다.

경쟁자가 아닌 동반자

양방과 한방 간의 대립은 사회 전체에 걸쳐 나타나고 있다. 양방에서는 한방에서 전통과 경험이라는 부실한 근거로 의료 행위를 한다고 주장한다. 반면, 한방에서는 수천 년간 이어져온 한의학에 비해 훨씬 역사가 짧은 양의학이 함부로 성급한 결론을 내린다며 맞서고 있다.

현재 우리나라는 양방의 주장에 힘이 실리는 편이다. 하지만 한의학도 우리에게 필요한 의학이자 과학이다. 양의학만 과학적이라는 생각은 바람직하지 못하다. 한의학은 고조선 이후부터 중의학을 받아들여 우리 토양에 맞게 독자적인 발전을 해왔다. 반면 양의학은 개화기 이후 도입되었기 때문에 우리나라에서는 역사가 비교적 짧다.

그렇다면 양의학보다 한의학이 한민족과 한반도의 고유한 특질과 관련해 경험과 지혜가 더 풍부하지 않을까? 따라서 한의학을 배제하는 건 현명하지 못한 접근으로 보는 게 옳다. 자연을 탐구하는 과학의 방식에 하나만 옳은 것이라고 단정할 수 없는 법이다. 마찬가지로 질병을 탐구하는 의학에서도 접근 방법이 하나만 옳을 것이라고 단정할 수 없다. 양의학에서는 한의학의 관점을 이해하고 장점을 배울 필요가 있다. 뿐만 아니라 한의학은 의학과 과학의 영역을 넘어 문화의 영역까지 뻗어 있다. 그렇기에 한의학을 무작정 비판하고 배제할 것이 아니라 통합 의학을 구축하는 방식으로 현대적인 의학, 과학, 문화를 구성해나갈 필요가 있다.

한의학도 양의학의 장점을 받아들여야 한다. 우리는 조선이 아닌 대한민국에 살고 있다. 현대 사회에 적합한 의학 시스템을 구축할 필요가 있다. 양의학의 장점을 도입해 한의학의 기초를 탄탄하게 다져야 한다. 전통이라는 울타리 안에 머물지 말고 끊임없는 개혁을 통해 발전해나가야 한다.

양방과 한방 중 어느 쪽이 우세한 것이 아니다. 두 의학은 상호 보완적인 관계다. 양방과 한방이 서로의 약점을 보완하고 강점을 발전시킨다면 인간을 위한 진정한 의학과 과학이 탄생할 것이다.

색안경을 벗어던지자

항상 양방 치료만 받아왔다면 한방 치료를 받아보라고 권하고 싶다. 특히 비염처럼 만성질환을 가지고 있다면 더욱 권하고 싶다.

첫 번째 이유는 치료를 위해서다. 편견 때문에 치료하지 않고 발만 동동 구르기보다는 일단 한방 치료를 받아보는 게 궁극적으로 치료에 도움이 되지 않을까? 진정 과학적인 치료는 실제로 건강을 회복시키는 치료임을 명심하자.

두 번째는 자연을 바라보는 데 편견을 버리게 해줄 수 있는 작은 출발점이 될 수 있기 때문이다. 편견은 매우 위험하다. 편견은 진실을 보지 못하게 만든다. 입자와 파동의 이중성을 예로 들어보자. 지금은 물질의 이중성을 당연한 과학적 진실로 여기지만, 처음 이중성 개념이 소개되었을 당시에는 쉽게 받아들여지지 않았다. 어떻게 입자이면서 동시에 파동일 수 있는지 상식적으로 이해되지 않았기 때문이다. 만약 입자성에만 집착해 현상을 바라보았다면 물질의 이중성이라는 진실이 세상에 드러나기 어려웠을 것이다.

"신은 주사위 놀이를 하지 않는다." 고전물리학을 신봉한 아인슈타인이 양자역학을 받아들이길 거부하면서 한 말이다. 하지만 양자역학은 현재 반도체 등 첨단 산업 분야에 반드시 필요한 학문이다. 아인슈타인이 틀렸다. 천재라는 아인슈타인조차 편견에 갇혀 진실을 보지 못했다. 이처럼 편견의 늪은 빠지기는 쉽고 빠져나오기는 어렵다. 우리는 편견의 늪에 빠지지 않도록 신중해야 한다.

참으로 희한하게도 양자역학이 왜 이렇게 물리 현상을 잘 설명할 수 있는지 그 이유를 알 수 없다. 사용해보니 딱 맞는데 왜 딱 맞는지 원리는 잘 모르겠다는 것이다. 한방 치료도 마찬가지다. 왜 치료가 되는지 양의학의 방식으로는 설명할 수 없어도 치료가 되면 그것 또한 치료다. 치료가 되었는데 치료가 아니라고 말할 수는 없다.

어쩌면 한방 치료로부터 자연을 바라보는 시각까지 꺼내서 이야기한다는 건 조금 지나치다고 느낄 수도 있다. 하지만 결코 과장이 아니다. "천 리 길도 한 걸음부터"라는 속담이 있다. 좋은 성적이라는 목표를 이루려면 일단 책상에 앉는 것부터 시작해야 한다. 운동을 잘하고 싶다면 준비운동부터 시작해야 한다. 마찬가지로 올바른 과학적 시각을 가지려면 먼저 편견을 버릴 수 있는 작은 실천부터 시작해야 한다. 편견의 무서운 점은 자신이 편견에 사로잡혀 있다는 것을 스스로 인지하기 어렵다는 것이다. 따라서 항상 유의하는 태도를 지니며 아주 사소한 것부터 차근차근 실천해나가야 한다.

한방 진료를 통해 '계' 증상과 비염을 치료할 수 있었다. 그리고 한방과 양방에 대한 편견을 버리게 되었다. 의학뿐만 아니라 과학에서도 편견을 버려야겠다는 깨달음에 이르렀다. 앞으로는 나의 판단에 무작정 확신을 부여하지 않으려 한다. 항상 뒤집어서 보거나 멀리서 바라보는 일을 실천할 것이다. 줏대가 없는 게 아니다. 진실을 진실로 바라볼 수 있게 하는 현명한 '줏대'다.

연구와 사람 사이, 사람과 사람 사이

생명화학공학과 17 **안홍민**

근거 없는 자신감

열아홉. 지금까지 공부한 모든 것의 결과를 얻어내야 할 나이다. 그날도 나는 책상에 앉아 수학 문제집을 펼쳐두고 기계적으로 풀이를 적어나가고 있었다. 수학 공식이 빼곡히 적혀 있는 연습장이 하나씩 쌓여갔다. 입시 기출 문제를 찾으러 이면지를 뒤지다가 한 장의 계획서를 발견했다. 규열이가 저번 주에 넘겨주었던 탐구대회 제안서였다. 주제가 마음에 들지 않아서인지, 아니면 마음에 여유가 없어서인지는 모르겠지만 제안서는 내 시야에서 한참 벗어나 있었다.

하지만 그 순간 왠지 모르게 내 인생에서 가장 큰 용기를 냈다. 가장 중요한 시기인 고등학교 3학년 1학기에 누구도 권하지 않았던 연구 대회에 뛰어든 것이다. 연구 대회는 확실히 좋은 경험이 되겠지만 대학 입시에 도움이 될 것이라는 확신은 가지기 어려웠다. 솔직히 시간 낭비에 가까웠다. 고등학교 내신에 도움이 되지 않는다는 것은 누구나 다 아는 사실이었다. "탐구 대회를 나간다고? 입시에 도움이 된다는 보장이 없잖아?" 모두들 하나같이 말했다. 확신이 없었던 나도 이렇게 답할 수밖에 없었다. "그렇겠지."

야간 자율 학습 시작 타종 소리가 울리고 나와 규열이, 창규는 다른 친구들이 걸어오는 방향과 반대쪽에 있는 화학 실험실로 향했다. "아이디어의 시작은 좋은데 이게 정말 가능할까? 그리고 너희 이거 할 시간 있어?" 선생님께서는 우리 세 명을 번갈아 쳐다보시면서 말씀하셨다. 그때 우리는 대답했다. "네." 며칠간 난분해성 유기물의 기존 처리 방안부터 계면활성제를 활용한 고분자 합성 방안까지 수십 개의 논문을 찾아보고 읽어냈기 때문에 대답에는 확신이 있었다. 한마음 한뜻으로 이 연구에 시간을 투자해도 된다는 근거 없는 자신감이 가득했다. 우리는 'Micelle 구조를 응용한 난분해성 유기물 흡착제의 개발' 연구를 시작했다. 이 주제로 넉 달이나 고생할 줄 누가 알았으랴……

우정의 계면활성제

사람과 사람은 절대 섞이지 못하는 두 가지 상으로 볼 수 있다. 그리고 두 상의 사이에는 계면이 존재한다. 전혀 다른 두 가지가 공

존하는 경계면에서는 두 상과 전혀 다른 분자 운동을 보인다. 물과 기름 사이처럼 서로 등을 돌리고 있는 사람이라도 계면에서는 다르다. 끊임없이 상호작용을 하고 있으며 만약 계면활성제가 있다면 두 상은 충분히 섞일 수 있다. 누가 누구를 용해시켰는지도 모르게 말이다. 어느덧 화학 실험실에서 생활하기 시작한 지 한 달이 넘었다. 새하얀 실험복은 알록달록 금속 수용액으로 물들어 있었고 제자리를 찾지 못한 플라스크는 책상에 어지러이 놓여 있었다. "야, 처음부터 다시 해야 하잖아!" 창규가 큰 소리를 외치며 실험실의 적막을 깼다. 합성한 중합체의 종류를 미처 목록화하지 못하고 순서를 잊어버린 규열이의 실수 때문이었다. 이미 실험한 시료인지, 아니면 이제 실험해야 할 시료인지 구분할 수 없으니 처음부터 다시 합성해야 한다는 것은 자명했다. 하나의 중합체를 만드는 데 적어도 여섯 시간은 걸리니 창규가 화를 낼 만도 했다. 하지만 규열이의 말에서는 사과보다 짜증이 먼저 느껴졌다. "그 다음 실험하는 네가 외우고 있었어야지." 규열이는 이렇게 말하고는 실험실을 나갔다.

우리가 만들어낸 중합체가 나타낸 결과 그래프는 이론적으로 계산한 효율성과는 한참 거리가 멀었다. 예상하지 못한 결과는 의미 없어 보이는 시행착오를 늘렸다. 반복된 실험과 기대에 미치지 못한 실험 결과는 우리를 틀어지게 만들기 충분했다. 서로에게 화내기 바빴다. 힘든 본인을 알아줬으면 하는 말과 행동은 날카롭게 상대방을 찔렀고 그 속에 배려는 없었다. 우리는 서로를 섞어줄 계면활성제가 절실했다. "야, 이러지 말고 나가자." 가만히 실험 결과를 작성하고 있던 내가 용기를 내어 말했다. 우리는 실험 기구를 모두 내려놓고 사감 선생님 몰래 기숙사로 향했다.

기숙사로 걸어가는 길은 실험실과는 사뭇 달랐다. 양옆으로 해골 그림만 가득 그려져 있는 갈색의 시약병 대신 바람에 흔들리는 이파리 가득한 나무들이 가지런히 서 있었다. 몰래 품에 숨겨 둔 컵라면과 각종 과자들(기숙사에서 반입 금지인 물품이다. 적발되면 일주일 동안 기숙사에서 생활할 수 없다. 즉, 쫓겨난다)을 방바닥에 펼쳐놓았다. 컵라면이 익기를 기다리는 동안 내가 한마디를 건넸다. "우리 분위기도 안 좋은 데 '그랬구나' 게임(서로의 눈을 지그시 바라보고 속마음을 이야기하는 게임이다. 한 명이 상대방에게 하고 싶은 이야기를 하면 다른 한 사람은 무조건 "그랬구나"라고 대답해야 한다. "그랬구나"를 말하지 못하면 게임에서 지고 벌칙을 받는다) 하자!"

우리는 각자의 과자를 내려놓고 손을 잡았다. 나는 규열이의 손을 잡고 그의 두 눈을 바라봤다. "규열아, 항상 실험실에서 열심히 하는구나! 근데 마음처럼 잘 안 돼서 힘들었구나. 근데 내가 볼 때 너는 일을 벌이는구나." "그랬구나." 우리가 손을 마주 잡으며 이야기하는 모습을 보자 창규가 웃음을 터뜨렸다. "홍민이가 요즘 자꾸 실험 기구를 깨뜨리는 것을 보니 정신이 없구나. 우리 연구비는 그걸로 다 빠져나가는구나." "그랬구나." 서로의 이야기를 나누며 속마음을 들어보니 한 대 치고 싶다는 생각이 강하게 들었다. 하지만 마음은 생각보다 편했다. 이제 규열이와 창규가 손을 잡을 차례가 되었다. "창규는 장점이 참 많은데 단점도 참 많구나." "그랬구나." "규열이는 참 예민하구나. 중학교 때……"

"아니, 그건 이야기 안 하기로 했잖아." 내가 모르는 이야기가 둘 사이에 오갔다. "나도 이야기해줘. 뭔데?" "몰라도 돼!" 그 이야기를 가지고 10분은 입씨름을 하다보니 어느새 우리 머릿속에 연구 활동은 잊혔다.

서로 속마음을 이야기하면서 이해해보려는 노력이 우리 사이의 벽을 허물어주었다. "근데 우리 실험은 어떻게 할 건데? 그만 해?" 컵라면을 먹으며 내가 말했다. 나는 전혀 그만둘 생각이 없었다. 지금까지 투자한 시간이 아깝기도 했지만 무엇보다도 우리의 목표를 잊지 않으려고 떠본 말이었다. 다행히 둘은 기대에 부응했다. 창규와 규열이는 안경 속 작은 눈을 동그랗게 뜨며 말했다. "이제 와서 그만하자고? 말도 안 돼!" 다퉜던 것이 무색하게 둘은 동시에 소리쳤다. 우리는 미리 인쇄해온 모든 실험 재료 목록을 하나씩 훑어보며 원인을 찾아냈고 문제는 의외의 곳에서 발견되었다. 생각보다 간단한 문제에 우리는 허탈한 웃음을 지으며 이미 불어버린 컵라면을 먹었다. 혼자 하는 연구는 없다. 서로 다른 사람의 마음을 합치는 방법은 간단했다. 밤새 웃고 떠들며 나눈 대화의 시간은 우리 셋을 한마음으로 섞어준 계면활성제였다.

사랑의 특수상대성이론

물체가 빛의 속도에 충분히 가까운 속도로 움직이면 시간은 천천히 가고 길이는 짧아진다. 이것이 특수상대성이론이다. 아인슈타인은 우리가 흔히 아는 시공간의 개념이 상대성을 포함하면 달라져야 한다고 말한다. 특수상대성이론처럼 사람의 관계에서도 시간과 거리는 연관이 있다. 내가 빠르게 움직이면 자연스럽게 서로가 곁에 없는 시간이 늘어나고 그 시간은 거리로 바뀌어 한없이 멀어진다. 반대로 여유를 가지고 천천히 다가갈수록 사람 사이의 거리감이 줄어드는 것이 사람 사이의 특수상대성이론이라고 볼 수 있지 않을까?

"안녕하세요?" 옆 생물 실험실에서 실험 기구를 빌리러 한 여학생이 찾아왔다. "어? 어……" 생각지도 못했던 사람이 들어와 나는 당황했다. 그 친구는 분광기 앞에 서서 들고 온 시료를 내려놓으며 기기의 사용법을 조심스럽게 물었다. "저기, 이거 써도 돼?" 한동안 실험실에 가만히 앉아 자신의 할 일을 마치고 조용히 돌아갔다. 마치 나를 처음 본 것처럼 어색하게 대하고 있는 이 사람은 내 여자 친구다. 두 주 전에 여자 친구와 나는 사소한 일로 다퉜다. 어떤 문제였는지도 생각이 나지 않을 정도로 작은 일이었다. 하지만 사소한 일이라는 생각은 나의 주관적인 판단이었다. 그걸 알았음에도 더는 신경 쓰고 싶지 않았던 나는 회피했다. 대화에 시작이 없으니 끝도 없었고 어색한 사이가 된 채 우리는 한마디 대화도 나누지 않았다. 마주치면 서로를 스쳐 지나가는 사이가 되자 우리 두 사람의 관계는 의미가 사라졌다.

밤새도록 화학 실험실에서 실험하고 있던 어느 날이었다. 유난히 생각이 복잡하고 피곤했다. 실험실을 가득 메운 메탄올의 냄새는 코를 괴롭혔고 정리되지 않은 책상은 생각을 어지럽혔다. 이

때 합성된 중합체의 효율을 측정하기 위해 나는 분광기 앞에 앉았다. 시간에 따라 달라지는 데이터가 빼곡히 컴퓨터 화면을 거의 다 채워놓았을 때쯤 여자 친구가 나를 불렀다. 밖으로 나가면서 '도대체 무슨 일일까?'라는 의문은 들지 않았다. 이후의 결과는 충분히 외삽(측정한 자료를 토대로 자료의 범위 이상의 값을 예상할 때 사용하는 방법) 가능했고 정확도는 100퍼센트였다. "넌 진짜 나빠. 이제 너 할 일 해. 나 신경 쓰지 말고." 한 마디도 할 수 없었던 나는 그대로 실험실로 돌아와 하던 일을 계속했다. 겉으로는 냉정하고 차갑게 포커페이스를 유지하는 것처럼 보였다. 속에서는 여유를 가지지 못한 것에 대한 아쉬움과 놓쳐버린 시간에 대한 미안함이 가득했다.

사람을 만나는 것은 어렵지 않다. 하지만 사람의 마음을 얻는 것은 어렵다. 내 노력과 능력이 아무리 좋아도 시간, 그 시간을 갖지 못한 나는 결국 한 사람의 마음을 얻지 못했고 그것이 내가 깨달은 특수상대성이론이었다.

사람과 사람 사이 '공감'

"됐다!"

자정에 가까워지는 시간에 실험실에 있었던 우리 셋은 거의 동시에 소리쳤다. 그 외침은 비 오는 소리도 바람 소리도 들리지 않을 정도로 크게 울렸다. 몇 달간 실험한 결과가 나오는 순간은 지금도 잊지 못할 감격의 순간이다. 합성된 고분자는 예상보다 더 많은 페놀 입자를 흡착해 제거했고 재사용 효율도 나쁘지 않다는 것을 그래프가 보여주었다. 100일 넘는 시간을 투자해 만들어낸 결과로 우리는 뿌듯했다. 고생한 시간에 대해 보상받는다는 느낌이 들었다. "그동안 고생 많았어! 마지막까지 힘내서 좋은 결과 내자." 기뻐하고 있던 우리에게 선생님이 한마디를 넌지시 건네셨다.

나와 창규, 규열이는 정성과 노력이 가득 담긴 논문을 들고 발표장으로 향했다. "페놀만의 선택적 흡착이 가능한 건가요, 아니면 물리적 흡착이라 비선택적인가요?" "개발한 흡착제의 재사용 가능성은 정량적으로 확인되었나요?" 심사자의 질문은 날카로웠다. 연구에서 미처 생각하지 못한 변수들을 짚어냈고 연구의 부족함을 느끼게 했다. 하지만 우리 세 명의 눈에는 그 누구보다 자신감이 넘쳤다. 몇 주일 뒤에 충격적인 소식을 접했다. "아니, 예선 탈락이라고?!" 이렇게 우리의 연구는 아쉬움을 남긴 채 끝이 났다.

참값과 측정값 사이에는 항상 오차가 존재한다. 어떤 실험도 이론처럼 정밀할 수 없기 때문에 오차라는 것은 실험이 제대로 이루어지지 않았다는 증거다. 우리는 계속 오차를 줄여나가고 오차가 생긴 이유가 우연이든 필연이든 관계없이 결과적으로 참값에 가까이 다가간다. 이것이 실험의 이유다. 수없이 실험을 계속하면서 우리는 우리만의 참값에 가까워져갔다. 우리 연구의 참값은 무엇이었을까? "학교 공부하는 데도 시간이 많이 부족했을 텐데 이렇게 많은 시간을 연구 활동에 투자한 이유가 무엇인가요?"

대학 입시 면접관의 질문에 당당히 대답했다. "처음에는 확신 없이 시작했습니다. 시간을 뺏기는 것이 두려웠지만 더 큰 의미와 가치를 깨달을 수 있을 것이라 판단해 끝까지 마무리했습니다. 실제로도 저에게 많은 것을 가르쳐주었습니다."

드라마 〈도깨비〉에서는 이런 장면이 나온다. "저는 아무리 풀어도 답이 '2'더라고요. 답을 알아도 여전히요. 그래서 차마 적지 못했어요. 제가 못 푸는 문제였거든요." 도깨비가 가르쳐준 시험의 정답을 아는데도 틀린 답을 쓴 한 망자의 이야기. 고등학교 3학년 생활이 나에게 시험 문제였다면 연구를 하겠다는 선택은 분명히 틀린 답이었다. 하지만 나는 알면서도 답을 적었다. 확신이 없는 답은 나만의 정답이 되었다. 고등학교 3학년이라는 중요한 시기를 연구 활동에 투자하면서 얻은 것이 많았다. 그것은 고등학교 내신 성적도 대회 입상 실적도 아니다. 사람의 마음과 인간관계의 의미와 그로부터 얻은 깨달음이었다. 사람의 마음을 얻는다는 것이 가장 의미 있고 어렵다는 것 말이다.

산과의 반응에서는 염기로 작용하고 염기와의 반응에서는 산으로 작용하는 물질이 있다. 이 물질은 다른 물질과 다르게 산과 염기 중 하나와만 반응하는 것이 아니라 두 가지 물질에 모두 반응하는 특징을 지니고 있다. 이를 양쪽성 물질이라 부른다. 연구 활동 기간에 나에게 큰 힘이 되어준 양쪽성 물질 같은 친구가 있었다. 필요할 때만 옆에 있어주는 것이 아니라 항상 함께했다. 연구 결과가 예상치 못한 방향으로 흘러갈 때도, 예상치 못한 이별을 겪었을 때도, 좋지 못한 성적으로 힘들어할 때도 항상 위로와

격려를 해주었다. "야, 너는 뭐 그러는 애 아니잖아. 할 수 있어!" 이 무심한 말이 나에게 큰 도움이 되었고 점점 더 친구에게 의지하는 계기가 되었다. 양쪽성 물질 같은 친구가 나의 마음을 얻는 방법은 바로 '공감'이었다.

지금 그때의 기억을 되살려, 만약 내가 그 제안서를 보지 못했다면 어땠을까? 친구들끼리 싸울 때 우리만의 계면활성제를 찾지 못했다면 어땠을까? 놓쳐버린 시간에 대한 후회로 잘못된 판단을 했다면 어땠을까? 양쪽성 물질 같은 친구를 만나지 못했다면 어땠을까? 모든 상황이 용기를 가져야 한다고 말했고 덕분에 뜻깊은 경험을 하게 되었다. 나에게 열아홉은 더 소중한 것을 배우기 시작한 나이였다.

자기부상열차를 타고 떠나는 나를 찾는 여행

전기및전자공학부 16 **신영우**

평범한 호기심: 자기부상열차?

현대사회에서는 인공지능, 5G 등이 모두의 이목을 끄는 기술로 여겨진다. 이러한 내용을 인터넷과 뉴스 등으로 한 번쯤은 접해보았을 것이다. 요즘에 학교에서 길을 걷거나 밥을 먹고 잠깐 SNS에 접속해보면 어김없이 위와 관련된 이야기를 듣게 된다. 이럴 때마다 중학교 시절이 생각난다. 이유는 단순하다. 당시에 자기부상열차가 지금의 인공지능처럼 여기저기서 나오는 이야기 소재였고 중학생인 나는 이 소재를 한없이 흥미로워했다. 물론 자기부상열차와 비교하면 지금의 첨단 기술이 훨씬 더 발전했고 다양한 활용성을 가지고 있지만 나에게 자기부상열차는 이목을 끄는 기술 그 이상의 의미를 지니고 있었다. 그래서 지금보다 훨씬 더 부

어린 시절 나의 호기심을 자극한 자기부상열차.

족하고 어리고 무모하지만 도전적이고 용감했던 나의 어린 시절 이야기를 한 번 풀어보려고 한다.

중학교 2학년 때 난생 처음으로 스마트폰을 구매했다. 당시는 한창 청소년의 인터넷 사용과 전자파의 유해성에 대한 사회적 우려가 강한 시기였기에 부모님도 내가 스마트폰을 가지고 시간을 보내는 것에 적잖은 걱정과 염려를 보이셨다. 이러한 영향으로 나는 남들보다는 조금 늦게 스마트폰을 가지게 되었다. 스마트폰이 생긴 날부터 많은 시간을 스마트폰 이용에 할애했다. 자연스레 스마트폰 홈 스크린에 자주 노출되었다. 홈 스크린에는 온라인 기사 헤드라인이 연동되어 나타났다. 그 기사들 속에서 눈에 띄게 자주 등장한 주제는 자기부상열차였다. 호기심에 클릭한 기사들을 보면서 이 기술 자체에 대한 논의뿐만 아니라 기술의 활용도, 실용화 전망, 과학적 분석 등 다양한 측면이 연구되고 있다는 사실을 알게 되었다. 처음에는 단순한 호기심으로 본 기사였지만 시간이 흐르면서 점점 기사를 찾아보는 횟수가 많아졌다. 나중에는 자기부상열차라는 주제에 관심이 생기기 시작했고 어느새 호기심은 흥미로 바뀌어 있었다.

도전의 시작: 자기부상열차 만들기

나는 지식이 부족한 중학생이라 자기부상열차에 흥미를 느낄 수는 있었지만 자기부상열차가 무엇인지 정확히 알기는 어려웠다. 해당 개념의 원리를 설명하기 위해 언급되는 자기장, 전자석, 물리학적 공식과 이론은 기초적인 이론을 공부한 다음에 이해할 수 있었는데, 당시의 나는 이에 관해 전혀 준비가 되어 있지 않다. 따라서 흥미롭지만 자세히 알아보고 탐구하기에는 어렵고 막연한 분야였다. 의무적으로 알아봐야 하는 개념도 아니어서 학문적인 궁금증이 생기더라도 이를 해결하고 싶은 간절함이 부족했다. 궁금증을 해소해줄 수 있는 대상도 쉽게 찾지 못했다. 그러다가 기회가 찾아왔다. 나는 과학 공부가 재미있다는 이유 하나만으로 중학교 과학 영재반에 지원했다. 한창 자기부상열차에 흥미를 가지기 시작했을 때 합격 소식을 들었다. 영재반을 수료하려면 학기 말까지 한 가지 교과 외 과정에서 연구 주제를 찾아 실험하고 보고서를 제출해 심사에 통과해야 했다. 이때 내 머릿속에 떠오른 단 한 가지 생각은 바로 자기부상열차였다.

지금 나는 같은 상황이라면 설령 자기부상열차가 머릿속에 떠오른다고 해도 실험 주제로는 선택하지 않을 것이다. 전자석과 같은 기본적인 실험 교구가 없을 뿐만 아니라 실험 교구가 있다 하더라도 실험 장소와 환경적 요소가 학부생에게는 너무 부담스럽기 때문이다. 하물며 중학생이던 나에게는 더욱더 부담스러운 일이었다. 나는 정말 단순하게 생각했다. 자기부상열차에 '자기'라는 단어가 들어가니 자성을 띠는 물체만 있으면 비슷하게나마 실험을 할 수 있다고 생각했다. 이러한 생각 하나로 연구계획서를 작성했다. 물론 결과는 참담했다. 지도 선생님들과 따로 면담하고 낮은 성공 가능성을 이유로 주제 변경을 권유받았지만 오기가 생겨 고집을 부린 끝에 주제를 지켜냈다. 이렇게 나의 첫 개별 실험이자 무모한 도전이 시작되었다.

배경지식이 없으니 오히려 연구에 제한이 없고 창의적인 도전을 할 수 있었다. 연구 주제 선정 직후에는 자신감이 넘쳤지만 막상 실제로 탐구해야 하는 시간이 다가오자 막막함이 앞섰다. 한편으로는 오기를 부렸으니 성공적인 결과를 얻어내고 싶었다. 나는 먼저 학교 앞 문구점에서 막대자석과 동전자석, 말굽자석 여러 개를 샀다. 당시 내가 알고 있던 지식은 N극은 N극을 밀어내고, 자석 주변에 자기장이 형성되며, 자석은 부러져도 다시 양극을 갖게 된다는 것 정도뿐이었다. 기초적인 지식만으로 나의 첫 실험을 계획했다.

도화지 위에 같은 극의 동전자석이 위를 보도록 해 촘촘히 붙인 후 두꺼운 종잇조각을 이용해 만든 작은 사각기둥 안에 바닥과 같은 극이 바닥을 보도록 자석을 붙이고 사각기둥을 띄워보려는 실험이었다. 민망할 정도로 사각기둥에는 어떠한 움직임도 나타나지 않았다. 완전한 실패였다. 먼저 동전 자석들은 생각처럼 촘촘히 나열되지 않았다. 두꺼운 종이 사각기둥 안에 있는 자석은 힘이 약해 바닥으로부터 사각기둥을 밀어내지 못했다. 바로 다음 실험을 계획해야 했지만 무엇이 문제인지 감이 전혀 잡히지 않았다.

대신 수많은 의문점만 생겼다. 자기부상열차는 앞으로 움직여야 하는데 사각기둥이 공중에 뜬다 한들 어떤 방식으로 앞으로 움직일 것인지, 철로는 또 어떻게 구현해내야 할지, 이러저러한 고민으로 막막해졌다. 이 의문점들을 해결하기 위해 정말 다양한 시도를 감행했다. 사각기둥 앞에 동전자석을 붙이고 막대자석의 반대 극으로 유인도 해보았다. 말굽자석 여러 개를 이어 붙여 긴 반 원통의 형태를 구현해 철로를 대체하거나 자석을 끝도 없이 늘려 사각기둥을 공중에 뜨게 하려는 등 정말 수도 없이 도전했다. 이 과정에서 나는 부족한 정보는 인터넷을 검색해가며 전자석의 존재와 금속 특성에 따른 저항 및 마찰력, 온도와 기타 환경에 따라 변하는 실험 요소 등을 배우게 되었다. 동시에 나의 오기가 얼마나 신중하지 못했는지도 깨달았다. 결국 최종 발표 때 수많은 실패 사례만 언급하며 성공 없는 보고서를 제출할 수밖에 없었다. 대신 성공과 실패로 분류할 수 없는 것들을 배울 수 있었다.

어린 시절의 무모한 도전은 오히려 의외의 발견을 하도록 만들어준다. 나는 중학생 때 무엇을 해야 스스로 내 삶에서 즐거움을 찾을 수 있을까 끊임없이 고민했다. 스스로 무언가를 특출하게 잘한다는 생각도 없었고 무언가를 특출하게 잘하고 싶은 욕심도 부족했다. 그저 나에게 지속적으로 주어지는 문제를 해결하며 흐르는 시간 속에서 버티고 있는 것 같았다. 그때 과학 영재반에서 오기로 시작한 도전 덕분에 고민에 대한 해답을 찾게 되었다. 한동안 실패로 가득한 다양한 실험을 한 끝에 어느 순간부터 과학적 주제를 탐구하며 즐거워하는 나 자신을 발견할 수 있었다. 이전처럼 학문적인 의문을 그대로 남겨두지 않고 능동적으로 해결하려는 나의 새로운 모습을 발견할 수 있었다. 당장 성과가 나오지는 않더라도 한없이 멀기만 하고 이해할 수 없던 주제에 어느덧 한 발자국 더 가까이 다가간 느낌이 들 때면 행복하고 보람찬 시간을 보낸 것 같았다. 이러한 기쁨을 느끼다보니 어느새 대학생이 되어 그때 궁금하고 이해할 수 없었던 분야와 관련된 공부를 하고 있다.

찾아온 변화: 새로운 취미, 새로운 가치관

자기부상열차에 대한 탐구는 나에게 취미도 찾게 해주었다. 중학생인 나는 자기부상열차 관련 기사를 찾으며 자기부상열차가 상용화되면 가능해질 대륙 간 이동과 파노라마 기차 여행, 시간을 더욱 효율적으로 활용하게 하는 여행의 패러다임 제시 등에 관한 기사도 정말 많이 읽게 되었다. 이 기사들을 접하며 어느새 나는 기차 여행에 푹 빠졌다. 기차 여행은 단편적으로 생각하면 버스나 지하철보다 배차 간격이 길고 속도는 비행기나 배보다 느린 효율성이 떨어지는 이동 수단이다. 하지만 기차를 타고 달리는 여행은 끝없이 펼쳐지는 평야와 산맥과 바다를 조용히 여유롭게 감상할 수 있게 해준다.

지금 나는 원하는 공부를 하고 있지만 학문에 열중하다보면 자주 마음이 지친다. 그럴 때 떠나는 기차 여행은 무언가를 이룰 때 정확하고 빠른 길만 찾는 게 정답이 아니라는 사실을 상기시켜준다. 느릴 수 있지만 주변을 둘러보면서 흐르는 시간 속에서 즐거웠던 시간을 추억하다보면 어느새 나 자신을 다잡으며 내가 원하는 바에 마치 기차 여행을 하는 것처럼 조금 더 행복하고 즐겁게 다가갈 수 있다는 것을 깨닫게 된다. 이러한 깨달음을 얻게 해주는 취미가 생겼다는 것은 중학생이었던 나에게 가장 감사한 일이다.

기차 여행에 푹 빠진 나는 얼마 전 휴학하고 유럽으로 기차 여행을 다녀왔다. 자기부상열차에 대한 어린 시절의 작은 흥미로부터 시작된 일이기에 나에게 더욱 특별한 여행이었다. 나는 이 여행을 조금 특이하게 다녀왔다. 어떠한 계획도 없이 100일간 유럽에서 기차로 여행을 한다는 것만 정하고 떠났다. 주변에서는 나를 염려했고 실제로도 수없이 길을 잃었다. 하지만 오히려 계획이 없었기에 관광 안내 책자에조차 나오지 않는 자연환경과 다양한 문화를 경험할 수 있었다. 신기하게도 그날의 날씨와 상황, 주변 사람들에 따라 같은 풍경도 다르게 보였다. 그것이 매번 새롭게 나를 놀라게 하고 치유해줬다. 커튼이 쳐진 기숙사에서 매일 공부하다보면 그날의 상황과 관계없이 같은 순간이 반복되는 것 같다. 이와 상반된 기차 여행은 내 일상에 생기를 불어넣어 지치지 않고 일상에서 최선을 다할 수 있게 도와준다. 이처럼 어릴 적 무모한 도전은 지금의 나를 지탱하는 원동력이기에 더욱 소중하다.

무모함으로 시작된 경험은 궁극적으로 나의 가치관 형성에 크게 기여했다. 자기부상열차 실험을 하기 전에 나는 실패를 두려워하고 무지함을 드러내는 것에 부끄러워했다. 항상 완벽하고 성공적인 결과만 내고 싶어 했다. 따라서 주어진 일과 주어진 과제에서 벗어나지 않으려 했고 새로운 것보다는 잘 알거나 잘하던 것만 하려고 했다. 하지만 수많은 실패를 통해 정해진 틀에만 있는 것이 오히려 발전을 정체시킨다는 사실을 알게 되었다.

원래 나는 실패를 부끄럽게 여기고 무지를 감추려 노력하며 살았다. 하지만 모르는 것을 모른다고 인정하고 불가능해 보이는 것에 겁먹고 후회하기 전에 도전하면 잠깐 부끄럽고 실패할지언정 얻는 것이 분명히 있다는 사실을 이제는 확실히 안다. 모른다는 것을 알게 되면 먼저 인정하고 정확히 배우려고 노력하면 된다. 어려운 문제를 풀려고 도전하다가 실패하면 왜 실패했는지 생각하면서 미처 생각하지 못한 부분을 알게 된다. 이 과정을 통해 새로이 생긴 의구심은 문제를 다각도로 볼 수 있게 하고 단편적이지 않은 지식을 얻게 해준다. 일련의 과정은 표면적인 지식에서 벗어난 입체적이고 차별화된 지식과 경험을 쌓는 데 크게 기여한다. 이러한 경험들이 쌓이면서 나는 정해진 틀에서 벗어나 끈기

있게 도전하고 탐구하는 가치관을 갖게 되었다.

사실 중학교 때의 연구 실험은 지금의 내가 볼 때, 또는 제3자가 볼 때 그렇게 큰 사건은 아닐 수도 있다. 그 사건 하나로 내 삶이 새롭게 정의되었다고 하는 말도 과장으로 느껴질 수 있다. 하지만 무모함 때문에 지금 나의 가치관을 형성할 수 있었다고 생각한다. 이 글을 쓰면서 당시에 궁금했던 자기부상열차를 다시 한 번 찾아보게 되었다. 중학교 시절보다 분명히 많은 부분이 개선되었고 좀 더 확실한 시제품을 갖추었지만 여전히 상용화 단계에 도달하지는 못했다. 게다가 최근에는 하이퍼루프라는 새로운 이동 수단이 자기부상열차가 의도하던 효율적인 이동 시간 활용 실현에 더 경제적일 것이라는 전망도 나오고 있다. 이러한 변화를 보면 자기부상열차에 대한 나의 실험이 더욱 보잘것없고 단순해 보인다. 하지만 많은 사람의 작은 시도들 덕분에 하이퍼루프와 같은 새로운 기술이 등장할 수 있지 않았을까 하는 생각도 든다. 물론 작은 도전들이 항상 새롭고 대단한 것을 만들지는 않더라도 계속 도전한다면 자신의 또 다른 면모와 다양한 깨달음을 얻을 수 있다고 믿는다.

제2부

엉뚱하고 기발한
과학 연구 이야기

단 10초만 전문가 되기

전산학부 15 김상우

'당신을 전문가로 만들어드립니다.'

지적 허세를 부리는 사람의 존재는 유서가 깊다. 몇 년 전 등장한 인터넷 유행어 중에 '당신을 XX 전문가로 만들어주겠다'라는 말이 있었다. 이 유행어는 여러 인터넷 게시 글의 제목으로 쓰였다. 일정한 형식을 공유하는 이 게시 글들은 마치 신문의 생활면에서 생활의 팁을 전달하는 것과 같은 문체로 쓰였다. 특정 분야를 잘 모르더라도 마치 전문가처럼 거들먹거리는 방법에 관한 글이었다. 자칭 전문가들이 자신의 지식을 과시하면서 입문자를 깔보는 모습을 풍자적으로 나열하는 시리즈였다. 이전에 본 한 게시 글인 「당신을 재즈 전문가로 만들어주겠다」는 다음과 같은 내용을 담고 있었다.

재즈는 절대 들을 필요 없습니다. 매뉴얼만 숙지하면 됩니다.

……피아노 쪽에서는 빌 에반스와 키스 자렛을 꼽아서는 안 됩니

다. 그들을 꼽으면 다른 재즈 전문가들에게 무시당할 수 있습니다.

제일 좋은 매뉴얼은 유리 케인이나 미셸 페트루치아니 정도입니다.

어느 나라 사람인지 몰라도 괜찮습니다. CD 한 장 안 사도 됩니다.

……

실제로는 아는 것이 없으면서 모범 답안을 아는 전문가 행세
를 권하는 것, 그것도 실제로는 정답이 없는 예술 분야에서 아는
체하는 법을 알려주는 것이 이 글들의 웃음 포인트다. 그러나 살
다보면 모르는 것을 아는 척해서 위기를 모면해야 하는 순간들이
찾아온다. 마치 내가 알고 있는 주제일 것이라 대화 상대가 지레
짐작하고 깊이 있게 이야기하는 순간이 그런 예다. 우리는 상대가
실망할까봐, 또는 모른다고 이야기하기 쑥스러워서 쉬이 모른다
고 고백하지 못한다. 나는 확률론을 이용해 이런 위기 상황을 잘
대처하는 방법에 관해 연구를 진행해왔고, 그 중간 결론을 글로
정리해보았다. 이 글이 단 10초만 전문가가 되고 싶은 독자에게
도움이 되길 바란다.

'알고 있다'의 함정

우리는 잘 모른 것을 마치 이미 알고 있는 양 이야기하는 것에 도

덕적인 거부감을 느낀다. 거짓말을 하면 안 된다고 배웠을뿐더러 만약 상대방이 더 깊은 질문을 하면 자신의 무지를 숨기고 거짓 전문가 행세를 한 것 때문에 망신을 당할까봐 그럴 것이다. 그러나 수학을 통해서 알 수 있는 것은 사람들이 무언가 '알고 있다'라고 이야기하는 것 중에 진짜로 알고 있을 확률은 그리 높지 않다는 사실이다. 이 확률은 전문가라고 높아지기는커녕 오히려 더 낮아질 여지가 크다. 다음의 상황을 예시로 들어보자.

세계 영화사상 개봉한 모든 영화가 50만 편일 때, 영화광 A씨가 본 영화의 수를 총 1,000편이라고 하자. 그리고 A씨가 이 1,000편의 영화를 거의 모두 기억하고 있다고 하자. 다시 말해서 A씨는 이미 본 영화를 질문했을 때 99.9퍼센트 확률로 '아는 영화'라고 답변할 것이다. 그런데 A씨는 영화를 너무 많이 공부한 나머지 실제로 본 적 없는 영화도 가끔 본 것으로 잘못 기억하기도 한다. A씨에게 실제로 본 적 없는 영화를 질문하면 0.5퍼센트 확률로 '아는 영화'라고 잘못된 답변이 돌아온다. 그럼 이때 A씨가 '아는 영화'라고 말한 영화를 진짜로 A씨가 보았을 확률은 얼마일까?

결론부터 바로 이야기하자면 A씨가 '아는 영화'라고 말한 영화가 실제로 A씨가 본 영화일 확률은 약 28.6퍼센트이다. 다시 말해 A씨가 알고 있다고 확신하는 상황 세 번 가운데 두 번 이상은 실제로 모르고 있는 셈이다. 이에 관한 개괄적인 증명을 말로 풀어 보겠다.

우선 앞으로 'X라는 사건이 일어날 확률'을 'P(X)'라는 수학적

표기법으로 표현하기로 한다. 그럼 전문가 A씨의 문제는 P('아는 영화'라고 말한 영화가 실제로 A씨가 본 영화임)를 구하는 셈이다. 한 사건이 일어났을 때 다른 사건이 일어날 확률을 조건부 확률이라고 하는데, 조건부 확률을 구하려면 베이즈의 정리를 이용해야 한다. 이 정리를 이용하면,

$$P(\text{'아는 영화'라고 말한 영화가 실제로 } A\text{씨가 본 영화임}) = \frac{P(A\text{씨가 본 영화를 고르고 } A\text{씨가 '아는 영화'라고 말함})}{P(A\text{씨가 '아는 영화'라고 말함})}$$

임을 알 수 있다.

여기서 주목해야 하는 것은 분자와 분모의 규모 차이이다. 분자는 A씨가 아는 영화를 접할 확률과 연관이 있고, 분모는 모르는 영화를 실수로 안다고 이야기할 경우까지 포함한다. 수학적인 계산을 해본다면 분자에 비해 분모가 상당히 커서 전체 확률이 작아짐을 알 수 있다. 어째서 그럴까?

직관적으로는 A씨가 모르는 영화는 모른다고 거의 정확히 말하기 때문에 A씨가 안다고 하는 영화는 실수로 아는 척하는 영화이기보다는 실제 아는 영화일 확률이 더 커 보인다. 하지만 세상에 A씨가 모르는 영화가 압도적으로 더 많기 때문에 모르는 영화를 마주해 아는 척하는 경우의 수가 실제로 본 영화를 마주할 경우의 수보다 훨씬 커지고 만다.

주어진 문제의 수치를 이용해 예시를 만들어보자. A씨에게 영

화 1,000편에 대해 질문하면 그중에 실제 아는 영화는 한 편 있을까 말까 하지만, 나머지 모르는 영화 999편 중 아는 체할 영화는 5편 정도 존재할 것이다. A씨가 안다고 말하는 영화 5편이나 6편 중 실제로 아는 영화는 많아야 단 한 편이다.

이 작은 수학 문제가 주는 교훈을 명확하게 짚고 넘어가야 한다. 전문가의 말도 신빙성이 떨어지니 믿을 수 없다는 결론을 내리려는 것이 아니다. 모르는 것을 안다고 하는 것은 흔히 있는 일이며, 우리가 무의식적으로 저지르고 있는 사건임을 알아야 한다. 특히 분야가 방대하면 방대할수록 전문가조차 '안다'고 확실히 이야기할 수 없다. 그래서 조심스러운 사람들은 이 점을 항상 염두에 두어 'A는 B다'라는 말 대신 'A는 B인 것으로 기억한다'라며 한 발짝 물러서곤 한다. 만약 부득이한 상황에서 아는 체해야 할지도 모르는 상황이 오면 '모든 사람이 무의식적으로 아는 체한다'는 진실을 기억해주길 바란다.

플롯 추측하기

이제 본격적으로 아는 척 잘하기에 관해 이야기해보자. 앞으로 제시할 예시들은 플롯이 있는 영화나 소설을 아는 척하기와 관련 있다. 아는 체하기 좋은 다양한 주제 중 플롯을 고른 것은 플롯을 추측하기란 겉보기에는 매우 어려워 보이기 때문이다. 하지만 우리는 수많은 종류의 플롯에 노출되어 살아왔고, 그 경험을 활용해 생소한 플롯을 추측할 수 있어서 오히려 아는 체하기가 쉬운 편이다.

누군가가 소설 B에 대해 실컷 떠든 뒤에 우리에게 그 소설에 관한 의견을 요청했다고 해보자. 문제는 우리가 소설 B에 관해 전혀 모를 때 발생한다. 가장 정직한 대처는 소설 B를 전혀 모른다고 고백하는 것인데, 이 경우 상대가 무안해할 가능성이 크다. 오히려 약간 아는 척을 곁들여 한마디해준 뒤 화제를 전환하는 것이 더 현명한 방안일 것이다. 이때 플롯에 대한 약간의 추측이 필요하다.

가장 맞출 확률이 높은 추측은 '결말이 감동적이다'라던가 '주인공이 갈등을 겪는다'와 같은 두루뭉술하고 일반적인 말을 하는 것이다. 이런 말은 맞을 확률이 90퍼센트 정도나 되겠지만 우리가 그 소설을 잘 알고 있다는 인상을 효과적으로 줄 수는 없다. 게다가 이 방식을 같은 사람에게 몇 번 반복하면 우리가 아는 게 하나도 없다는 것만 확실하게 인지시켜줄 뿐이다.

좀 더 잘 알고 있는 것처럼 보이려면 플롯을 조금 더 구체적으로 추측해야 한다. 예를 들어 '주인공이 결국 죽는다'나 '등장인물들이 배신을 당한다'와 같은 특색 있는 플롯을 예측해 맞춘다면 상대방은 우리가 잘 알고 있다는 인상을 받을 가능성이 크다. 이런 플롯은 흔치 않고, 따라서 찍어서 맞출 확률이 낮기 때문이다.

특별한 플롯을 잘 추측해 전문가처럼 보이는 방법은 간단하다. 'A에 Z라는 사건이 발생한다'라고 말하는 대신, 'A와 B 중에 Z라는 사건이 발생하는 작품이 있던 것으로 기억한다'라고 말하는 것이다. 표본이 많으면 많을수록 성공 확률이 커진다. 'A 감독의 작품 중에 Z라는 사건이 발생하는 작품이 있던 것으로 기억한다'라고 하면 아마 틀릴 확률보다 맞을 확률이 더 클 것이다.

이 전략이 효과적인 데는 크게 두 가지 이유가 있다. 첫 번째 이유는 'A는 B다'라고 확신하는 대신 'A는 B인 것으로 기억한다'라며 한 발짝 물러서는 태도에 있다. 불완전한 기억 때문에 정보가 틀릴 수 있음을 인정함으로써 좀 더 전문가적이고 진지한 인상을 준다. 두 번째는 조금 더 수학적인 이유다. 표본을 많이 고르면 고를수록 우리의 예측이 틀릴 확률은 지수적으로 감소하기 때문에 맞출 확률은 크게 증가한다.

예시를 들어보자. '주인공의 사망'이라는 사건이 일어날 확률이 30퍼센트라고 가정하자. 그럼 주인공이 죽지 않을 확률이 70퍼센트가 되는 셈이다. 영화 두 편을 골랐을 때, 두 편 중 최소 한 편에서 주인공이 사망할 확률은 얼마일까? 정답은 51퍼센트다. 영화 두 편을 고르면 둘 중 한 편이라도 주인공이 죽을 확률이 그렇지 않을 확률보다 높다는 뜻이다. 나아가 일반적으로 독립 사건을 가정하면 n개의 영화에서 X라는 사건이 한 번도 발생하지 않을 확률은 다음과 같다.

$$P(n \text{개의 영화에서 } X \text{가 하나도 발생하지 않음}) = P(1 \text{개의 영화에서 } X \text{가 발생하지 않음})^n$$

확률은 언제나 1보다 작기 때문에 X가 발생하지 않을 확률은 n, 즉 작품의 수가 커짐에 따라 지수적으로 빠르게 작아진다. 그러니 앞으로 모르는 영화에 대한 질문을 받으면 최대한 n을 키워서 대답하면 된다. 예를 들면 '그 영화였는지 다른 영화였는지 그 감독의 작품 중에 X라는 사건이 일어나는 영화가 있던 것 같다'처럼 말이다.

최고의 문장 꼽기

이번 경우는 약간 조사할 시간을 가질 수 있는 특수한 상황에서 쓸 수 있다. 예를 들어 문학 토론 수업이 임박했는데 수백 쪽이나 되는 장편소설을 아직 읽지 못했다고 하자. 전반적인 줄거리와 결말은 인터넷에서 어떤 식으로든 조사한다 치더라도, 디테일은 직접 책을 읽지 않고서는 꾸며낼 수 없다. 그렇다고 책을 다 읽을 수도 없는 상황이라면 어떻게 해야 할까? 내가 생각한 방안은 책을 읽으며 가장 마음에 들었던 구절을 인용하는 것이다. 플롯이나 작가에 대한 조사를 끝내놓은 상황에서 선정된 구절에 대한 해설을 만들어둔다면, 최소한 책을 읽어보기는 한 학생처럼 보일 것이다. 그럼 문제는 '어떻게 가장 좋은 구절을 짧은 시간 안에 고를 수 있는가'가 된다.

'비서 문제'라는 수학 문제가 이와 비슷하다. 이 문제는 다음과 같다.

한 명의 비서를 뽑는 자리에 n명이 지원했다. n명을 순차적으로 한 명씩 면접을 보는데, 각 면접이 끝나면 피면접자를 뽑을지 말지 그 자리에서 결정한다. 피면접자를 뽑기로 하면 그 자리에서 비서 선발이 끝난다. 만약 뽑지 않기로 하면 다음 지원자와 면접을 본다. 뽑지 않기로 한 번 결정한 지원자는 나중에 뽑을 수 없을 때, 가장 능력이 좋은 지원자를 뽑으려면 어떤 전략을 써야 하는가?

n명의 면접을 다 본다면 능력에 무관하게 가장 마지막 사람을 뽑을 수밖에 없다. 그렇다고 초반 몇 명만 면접을 보고 기준치를 세운다면 뒤에 다가올 최고 능력자를 보기도 전에 면접을 끝내버릴 위험이 있다. 까다로워 보이는 이 문제의 해법은 의외로 간단하다.

전체의 37퍼센트 정도 되는 인원은 모두 면접을 본다(즉, 무조건 뽑지 않는다). 그리고 그 이후 처음 37퍼센트 지원자 중 가장 뛰어난 사람보다 우수한 지원자가 보이면 즉시 고르고 면접을 끝낸다. 수학적인 증명에 따르면, 이 방법은 약 37퍼센트 확률로 최적의 지원자를 뽑는다고 한다.

동일한 방식을 최고의 문장 고르기에 적용해보자. 우리가 읽을 책이 총 1,000페이지라고 가정하면, 최고의 문장을 고르기 위해서는 우선 첫 370페이지를 쭉쭉 읽어야 한다. 그리고 371페이지부터는 370페이지까지 읽었던 문장들을 모두 넘어설 문장이 나올 때까지만 읽으면 된다. 그럼 1,000페이지 대신 최소 371페이지 정도면 최고의 문장을 고를 수 있다. 만약 370페이지가 너무 많다고 여겨지면 첫 370페이지를 다 읽는 대신 그중 최고의 문장을 똑같은 방식으로 고르면 된다. 첫 370페이지의 37퍼센트, 즉 137페이지 정도만 읽고 바로 371페이지로 넘어가면 된다. 이 전략을 이용하면 최고의 문장을 찾기 위해 걸리는 시간을 최대 86퍼센트까지 줄일 수 있다.

10초만 전문가 되기

지금까지 소개한 두 가지 아는 체하는 요령은 소설과 영화에 집중되어 있다. 그러나 예술, 스포츠, 식도락 등 다양한 분야에도 잘 적용될 것이라 믿는다. 이 아이디어를 어떻게 응용할 것인가에 대한 질문을 독자들에게 숙제로 남기면서 가장 중요한 팁을 곁들여 결론을 맺고자 한다.

확률론에서는 '큰 수의 법칙'이라는 정리가 있다. 사건을 시행하는 횟수가 많아질수록 실험적 확률은 이론적 확률에 수렴하게 된다는 정리다. 이 정리에 따르면, 여러분이 지금까지 획득한 요령으로 처음 몇 번 운 좋게 전문가 행세에 성공할지는 몰라도, 장기적으로는 성공보다 실패를 많이 하리라 예측할 수 있다. 따라서 전문가인 척 흉내 내다가 어리석은 사람으로 보이는 대신 진짜 전문가처럼 보이려면 이상의 요령들을 자주 쓰지 말아야 한다. 이것이 10초 전문가로 보이기 위한 마지막 팁이다.

앎이란 끝없는 과정이다. 따라서 지식을 조금 가진 것으로 허세를 부릴 일이 아니다. 모르는 것은 앎의 시작일 뿐이다. 아직 지식을 가지지 못한 것은 놀림받을 일이 아니다. 이 사실을 자주 잊고 사는 우리가 결국 '당신을 전문가로 만들어주겠다'와 같은 글을 탄생시킨 것이 아닐까?

진짜 전문가는 이 글이 조금도 필요하지 않을 것이다. 10초만 전문가가 되는 가장 정확한 길은 진짜 전문가가 되는 것이기 때문이요, 전문가가 된다는 것은 자신이 모른다는 사실을 솔직하게 인정할 수 있게 되는 것이기 때문이다. 독자들이 더는 이 글이 필요하지 않을 때까지, 이 글이 앎을 위해 수련하는 독자들에게 가벼운 방어구가 되기를 소망한다.

천생연분을 만날 확률은?

전기및전자공학부 15 **김준수**

나는 왜 여자 친구가 없을까

천생연분을 만날 확률이 몇 퍼센트 정도나 된다고 생각하는가? 세상의 절반은 남자이고, 또 절반은 여자이니 그중 천생연분인 사람이 분명 존재할 것이라고 생각하는 독자도 있을 것이다. 반면, 자신의 이상형이 꽤 까다로워서 운명의 상대를 만나기 쉽지 않을 것으로 생각하는 독자도 있을 것이다. 로맨스 영화에 익숙한 독자는 천생연분을 만날 확률이 꽤 높다고 생각할 수도 있다. 분명한 사실은 누구나 자신의 이상형에 부합하는 천생연분을 만나고 싶어 한다는 것이다. 놀랍게도 천생연분을 만날 확률을 실제로 계산한 사람이 있다. 바로 영국의 경제학자인 피터 배커스다.

배커스는 3년 동안 여자 친구가 생기지 않았다. 그 기간이 지

「나는 왜 여자 친구가 없을까」라는 소논문을 쓴 영국의 경제학자 배커스.

치고 힘들었는지 자신의 이상형에 부합하는 여성을 만날 확률을 계산하는 내용을 담은 소논문을 2010년에 발표했다. 소논문의 제목인 「나는 왜 여자 친구가 없을까(Why I don't have a girlfriend)」가 그의 심정을 대변해주는 듯하다. 그렇다면 배커스가 어떻게 이 확률을 계산했는지, 그리고 결과는 어떻게 나왔는지 알아보자.

드레이크 방정식에서 영감을 얻다

배커스는 드레이크 방정식으로부터 아이디어를 얻었다. 드레이크 방정식이란 우리 은하계에 인간과 교신할 수 있는 외계 문명의 수를 계산하는 방정식이다. 이 방정식은 외계 문명과 관련된 아홉 개의 변수를 이용해 계산한다. 이 변수 중 상당수는 정확한 측정값이 존재하기 어려워 추측과 가정을 통해 값을 갖는다. 예를 들어, 드레이크 방정식 내에 존재하는 '통신 기술을 가진 지적 문명이 존속할 수 있는 기간'이라는 변수는 정확한 측정값이 없다. 이 변수는 계산하는 사람 마음대로 설정할 수 있다고 한다. 배커스는 드레이크 방정식과 비슷하게 자신의 방정식을 세웠다.

드레이크 방정식

$$N = R^* \times f_p \times n_e \times f_l \times f_i \times f_e \times L$$

N : 우리 은하계에 존재하는 교신이 가능한 문명의 수

R^* : 우리 은하계에서 1년 동안 탄생하는 항성의 수(=우리 은하계 별의 수 /

   평균 별의 수명)

f_p : 항성들이 행성을 갖고 있을 확률(0에서 1 사이)

n_e : 항성에 속한 행성들 중에서 생명체가 살 수 있는 행성의 수

f_l : 조건을 갖춘 행성에서 실제로 생명체가 탄생할 확률(0에서 1 사이)

f_i : 탄생한 생명체가 지적 문명체로 진화할 확률(0에서 1 사이)

f_e : 지적 문명체가 다른 별에 자신의 존재를 알릴 수 있는 통신 기술을 갖

   고 있을 확률 (0에서 1 사이)

L : 통신 기술을 갖고 있는 지적 문명체가 존속할 수 있는 기간(즉, 외부 충

   격으로 멸종하거나 내부 분열로 자멸하지 않는 기간, 단위: 년)

이상형에 부합하는 여성의 수를 계산하다

배커스는 방정식을 통해 자신의 이상형에 부합하는 영국 런던의
여성 수를 계산하고자 했다. 일단 영국 런던에 거주하는 여성의
수를 계산했다. 논문에 따르면, 그가 장거리 연애를 선호하지 않
기 때문에 영국 런던으로 지역을 좁혔다고 한다. 영국 전체 국민
수(60,975,000)에 여성의 비율(0.51)을 곱해 영국의 여성 수를 계산
했다. 그 값에 영국 여성 중 런던에 사는 여성의 비율(0.13)을 곱
했다. 그다음 나이가 적절한 여성의 수를 계산하고자 했다. 그는
세대 차이가 심하게 나지 않는 여성을 희망했다. 논문을 쓸 당시
그의 나이가 31세였으므로, 24세에서 34세 사이의 여성의 수를
계산하기로 했다. 이 비율을 0.2로 잡았다. 그는 대학 교육을 받은
여성을 선호했다. 그가 하는 일에 관해 종종 여자 친구와 대화를
나누고 싶어서라고 이유를 밝혔다. 나이가 적절한 영국 여성 중
대학 교육을 받은 여성의 비율을 0.26으로 설정했다. 이상형의 조
건 중 하나로 'physically attractive', 즉 육체적 매력을 설정했다.

　런던에 거주하고, 나이가 적당하고, 대학 교육을 받은 여성 중
육체적으로 끌리는 여성의 비율을 0.05로 잡았다. 이 변수는 상
당히 주관적인 값이므로 개인마다 크게 달라질 수 있다. 이제, 지
금까지 계산한 값에 그의 나이(31)를 곱한다. 자신이 살아 있어야
누군가를 만날 기회도 있기 때문이다. 지금까지 등장한 모든 변
수의 값을 곱하면 그의 기본적인 이상형 기준에 부합하는 여성의
수를 계산할 수 있다. 그 값은 다음과 같다.

$$60{,}975{,}000 \times 0.51 \times 0.13 \times 0.2 \times 0.26 \times 0.05 \times 31 = 10{,}510$$

0.017퍼센트의 영국 국민이 자신의 이상형 기준에 부합한다는 것을 의미한다. 이 수치를 보고 배커스는 나쁘지 않은 확률이라고 생각했다. 런던의 밤거리로 나갔을 때 대략 1,000분의 1의 확률로 매력적인 여성을 만날 수 있다는 것은 그에게 낙관적으로 여겨졌나 보다.

그러나 매력적인 여성을 만났다고 해서 바로 여자 친구가 되는 건 아니다. 그 여성도 배커스에게 관심이 있어야 하고 싱글이어야 한다. 또 배커스와 잘 지낼 수 있는 여성이어야 한다. 여성이 배커스에게 관심이 있을 확률을 0.05로 설정했다. 여성이 싱글일 확률은 0.5로 잡았다. 마지막으로 배커스와 잘 지낼 수 있는 확률을 0.1로 잡았다. 이 세 가지 변수를 각각 0.05, 0.5, 0.1로 설정한 이유는 배커스 본인의 경험에 의한 것이지 통계적으로 검증된 수치는 아니다. 드레이크 방정식에서도 정확한 관측 값이 아닌 가정에 의한 값을 사용했으므로 배커스의 방정식에서도 이 수치를 허용한 것으로 보인다. 그는 이 세 가지 변수를 추가해 여자 친구가 될 수 있는 여성의 수를 계산했다.

$$10{,}510 \times 0.05 \times 0.5 \times 0.1 = 26$$

자신의 여자 친구가 될 수 있는 여성의 수가 26명밖에 되지 않는다는 걸 보고 배커스는 좌절감을 느꼈다. 런던 밤거리에서 이 26명 중 한 명을 만날 확률이 0.0000034퍼센트밖에 되지 않기 때문이다. 물론, 교신 가능한 외계 문명을 만날 확률보다는 100배 높은 확률이긴 하지만 여전히 높은 수치는 아니다.

배커스의 방정식

$$N = A \times B \times C \times D \times E \times F \times G \times H \times I \times J$$

N : 배커스의 여자 친구가 될 수 있는 여성의 수

A : 영국 전체 국민 수 = 60,975,000

B : 영국 내 여성 비율 = 0.51

C : 영국 여성 중 런던에 거주하는 비율 = 0.13

D : 런던 거주 여성 중 나이가 적절한(24세~34세) 여성의 비율 = 0.2

E : 나이가 적당한 런던 거주 여성 중 대학 교육을 받은 여성의 비율
    = 0.26

F : E까지를 만족한 여성 중 육체적으로 끌리는 여성의 비율 = 0.05

G : 배커스의 나이 = 31

H : F까지를 만족한 여성 중 배커스에게 관심을 보일 비율 = 0.05

I : H까지를 만족한 여성 중 싱글일 확률 = 0.5

J : I까지를 만족한 여성 중 배커스와 잘 지낼 확률 = 0.1

배커스에 따르면 천생연분을 만날 확률이 저조하다는 것을 알 수 있다. 그러나 역설적이게도 그는 소논문을 쓰던 중 이웃집 여성 로즈와 데이트를 시작했다고 한다. 심지어 로즈는 배커스의 이상형과 상당 부분 일치했다고 한다. 소논문에 따르면, 그는 0.0000034퍼센트의 확률을 뚫은 천운을 가진 사람이 되는 것이다.

그렇지 않으면, 그의 소논문에 나와 있는 계산 과정 중에 잘못된 부분이 있거나 미처 생각하지 못한 점이 있다는 것을 의미한다.

배커스의 방정식이 주는 교훈

배커스가 고안한 일련의 계산 과정과 그의 연애는 우리에게 두 가지 교훈을 준다. 먼저, 이성에 대해 과도하게 높은 기준을 갖지 말자는 것이다. 배커스는 자신의 이상형을 1) 런던에 거주하고, 2) 나이가 적당하고, 3) 대학 교육을 받았고, 4) 육체적으로 끌리는 여성이라고 언급했다. 배커스가 3년 동안 여자 친구가 없었던 이유 중 하나는 이성에 대한 까다로운 기준이라고 생각한다. 사랑하는 사람이 런던이 아닌 파리에 있다면 장거리 연애를 하면 된다. 대학 교육을 받지 않았더라도 얼마든지 지적인 대화를 나눌 수 있다. 육체적으로 끌리지 않더라도 마음이 끌리는 사람과 교제할 수도 있다. 배커스가 이성 교제에 대해 열린 시각으로 바라보았다면 싱글인 기간이 길지 않았을지 모른다.

다음으로, 사랑은 숫자로 표현될 수 없다는 사실을 알려준다. 자연과학과 공학에서는 숫자가 모든 것을 설명해줄 것이라는 믿음이 기본적으로 깔려 있다. 경제학자인 배커스는 소논문을 쓸 때 숫자가 사랑도 설명해줄 것이라는 지나친 환상을 가졌을 것이다. 하지만 숫자로 인간의 감정과 가치를 표현할 수는 없다. 배커스가 자신이 계산한 수치에 정확히 해당하는 여성을 만났다고 가정해보자. 그가 진정한 사랑을 하게 된다고 장담할 수 있을까? 그렇게 생각하지 않는다. 수치로 형언할 수 없는 훨씬 복잡 미묘한 요소가 사랑에 영향을 미치기 때문이다. 한편, 배커스가 로즈를 만난 것처럼, 확률과 예상에서 벗어나더라도 찾아오는 것이 사랑임을 알 수 있다. 이처럼 사랑은 계산할 수 없는 것이다.

과학고 학생이 기숙사에서 노는 법

전기및전자공학부 16 **여관구**

기숙사 생활, 자유를 꿈꾸며

나는 기숙사 고등학교를 다녔다. 기숙사 고등학교의 가장 좋은 점은 저녁에 잠을 자지 않고 같은 방 친구들과 잡담하면서 놀 수 있다는 것이다. 점호 시간은 12시지만, 우리 방은 항상 몰래 늦게까지 깨서 수다를 떨며 놀았다. 기숙사에서 돌아다니는 이야기들은 늘 그렇듯 '누구는 누구랑 사귄다더라' '누가 누구를 짝사랑한다더라' 하는 똑같은 이야기들뿐이지만, 언제 들어도 재미있는 것이 또 남의 연애 이야기이기 때문에 항상 기숙사의 새벽은 즐거웠다. 하지만 이런 즐거움은 늘 사감 선생님께 발각되면서 깨졌고, 그렇게 어쩔 수 없이 잠들게 마련이었다.

선배들의 소문에 따르면, 기숙사 사감 선생님은 서울대 심리학과를 나오셔서 학생들이 언제 나쁜 짓을 할지, 어떤 시간에 방을 몰래 옮기려고 하는지 모두 알고 미리 대기하고 있다고 한다. 그 소문이 사실이었는지, 다른 방으로 몰래 가려고 방문을 열었는데 문 앞에 사감 선생님이 서 계셔서 바로 벌점을 받고 방에 들어간 경험을 한 친구도 여럿 있었다. 또 사감 선생님이 8년 동안 학교에 근무하면서 연마한 '발소리를 내지 않는 기술'은 정말 완벽해서 아무리 문에 귀를 대고 있어도 어디에 계시는지 알 수 없었다. 지금 생각해보면 재미있는 추억이지만, 학창 시절에 언제 어디서 나타날지 모르는 사감 선생님은 정말 공포의 대상이었다. 특히 우리 방은 자주 걸리는 요주의 방으로 찍혔는지, 모두가 눈 감고 자려고 누워 있는데도 사감 선생님이 슬며시 방문을 열고 확인하는 경우가 많았다.

결국 우리는 자유를 침해하는 사감 선생님의 횡포를 이겨내고자 고민한 끝에 기발한 아이디어 하나를 생각해냈다. 『해리포터』 시리즈를 본 사람은 알겠지만, '마루더즈 지도(marauder's map)'라는 마법 물품이 등장한다. 이 마법 지도는 학교 전체를 보여주는데, 장소뿐만 아니라 움직이는 사람들까지 보여주기 때문에 해리포터와 친구들이 학교 내에서 새벽에 몰래 일을 저지를 때 매우 유용하게 사용한다. 우리가 이 지도를 비슷하게라도 만들 수 있다면, 새벽에 놀다가도 사감 선생님이 접근하면 미리 조용히 할 수 있지 않을까?

마법 지도를 만들다

같이 지도를 만들기로 한 친구는 총 네 명, 모두 같은 방에 사는 룸메이트였다. 과학고등학교 학생들답게 모두 무언가를 만드는 데 찬성했고 다 같이 방법을 찾아보기로 했다. 한 친구는 정보올림피아드 수상까지 했던 프로그래밍의 고수여서 코딩 부분을 담당하고, 나머지 세 명이 실현할 수 있는 방법을 찾아보기로 했다.

　다양한 방법을 고민해보았다. 처음 시작할 땐 쉬울 줄 알았는데, 생각보다 적용시키는 방법이 어려웠다. 방법은 크게 두 가지로 나뉘었다. 사감 선생님에게 통신 모듈을 몰래 부착해 위치를 찾는 방법. 또는 새벽에 움직이는 사람은 사감 선생님뿐이라는 사실을 토대로 기숙사 구석구석에 센서를 배치해 사감 선생님의 위치를 감지하는 방법. 첫 번째 방법은 사감 선생님의 소지품에 몰래 손을 대야 한다는 점이 가장 큰 난관이었다. 두 번째 방법은 와이파이가 없는 기숙사 내에서 센서들의 정보를 어떻게 취합할 것인가가 문제였다. 결국 첫 번째 방법이 그나마 현실 가능성이 있다고 결론을 내렸다. 블루투스의 최대 거리는 아무리 좋게 쳐줘도 30미터 이내인데, 기숙사는 복도 길이만 100미터 정도여서 범위 밖의 센서들은 작동하지 않을 것이라 판단했다.

　일단 우리는 GPS가 아닌 작은 신호 송수신기를 이용하기로 했다. 인터넷을 찾아보니 아주 작은 아두이노용 신호 송수신기를 찾을 수 있었다. 우리는 아두이노와 신호 송수신 모듈을 주문해 한번 실험해보기로 했다. 계획과 설계는 수업 시간에 하고, 실험은

아두이노. 이 작은 장치가 마법 지도 제작의 가장 중요한 열쇠가 되었다.

점호 시간 직전을 이용했다. 우리가 생각한 방법은 아두이노를 통해 알 수 있는 신호 발생기 간의 통신 세기를 지점마다 측정해 신호 발생기가 위치하는 지점을 알아내는 것이었다. 거리 오차는 꽤 생길 수 있겠지만, 그래도 가장 저렴하고 간단하게 구현할 수 있을 것 같아서 실행해보았다. 결과는 나름 성공적이었다. 신호 측정기의 거리에 따라 대략적으로 신호 강도가 비례하는 것을 확인할 수 있었다. 측정하다가 아예 신호가 끊어져버린 곳도 존재했지만, 그 정도 거리라면 우리는 마음껏 놀 수 있었다.

그때 한 친구가 문제를 제기했다. 사감 선생님의 행동반경은 기숙사 한 층만이 아니라 2층, 3층, 4층까지인데, 과연 3층에 위치한 우리가 사감 선생님의 위치를 정확히 파악할 수 있을까?, 라는 문제였다. 심지어 같은 층에서도 기숙사의 복도는 'ㄱ'자 모양을 띠고 있는데, 거리만 안다고 해서 정확한 위치를 알 수 있을지도 의문이었다. 이 문제는 우리를 한동안 괴롭혔다. 정말 좋은 아이디어라고 생각해 주문까지 했는데, 거리만으로는 정확한 위치를 파악할 수 없기에 우리 방에서 얻을 수 있는 또 다른 변수를 생각해야만 했다. 하지만 거리 말고 더 알아낼 만한 것이 없었기 때문에 우리는 일주일 정도 프로젝트를 손 놓고 있어야 했다.

이 문제에 대한 해결책은 의외의 곳에서 나타났다. 수학 시간에 기하를 배우면서 작도라는 것을 처음 해보았다. 어떻게 하면 컴퍼스와 눈금 없는 자를 이용해 정삼각형이나 정사각형을 그릴 수 있는지 등을 다양하게 고민해보는 시간이었는데, 컴퍼스와 눈금 없는 자를 이용하는 것이 마치 직선거리는 알지만 방향을 모르는 우리의 상황과 비슷해 보였다. 작도를 하면서 이런 상황에서는 다양한 꼭짓점에서 원을 그려 겹치는 점을 찾아 해결했다. 해결책은 그저 신호를 여러 군데에서 수신하는 것이었다. 그러면 여러 정보를 결합해 유일한 위치를 알 수 있을 것이라고 우리는 확신했다.

실험실에서 새로운 아두이노 보드 두 개를 빌린 뒤 하나는 아래 층 친구 방에, 하나는 옆-옆-앞방에 친구들의 양해를 구하고 설치했다. 아두이노 보드 세 개를 모두 블루투스로 연결해 정보를 종합할 수 있도록 했다. 그러고는 기숙사 전 지역을 신호 송신기를 들고 돌아다니면서 신호의 세기와 위치에 대한 정보를 수집해 규칙을 알아보았다. 우리가 예상했던 것과 비슷하게 신호는 거리에 비례했고, 세 정보를 조합했더니 위치 별로 모두 다르게 나타났다. 마지막으로 코딩 담당 친구가 정보를 토대로 위치를 스마트폰 공기계에 표시될 수 있게 했고, 과거 몇 초간의 경로를 이용해 신호가 가끔 튀어도 안정적으로 위치를 표시해줄 수 있도록 손을 보았다. 나름 그럴싸했다! 우리가 들고 돌아다니면서 실험해 본 결과 1미터 정도의 오차를 보였지만, 대략적인 위치를 잘 나타내주었다. 드디어 모두들 실제로 이 기숙사 마법 지도를 사용해볼 날만을 손꼽아 기다렸다.

마법 지도가 선사한 달콤함

이제 남은 일은 신호 송신기를 사감 선생님의 슬리퍼에 넣는 것이었다. 누가 넣을 것이고, 어떻게 넣을 것인가. 제작하기 전에 가장 우려하던 일이었지만, 이미 기술적인 부분을 모두 해결한 우리의 의욕은 최고조였고, 사감 선생님을 몰래 따라다니다가 한 친구를 혼내러 기숙사 방에 들어간 순간 빠르게 삼선 슬리퍼의 밑창에 칼집을 내고 테이프를 감아 껌처럼 만든 송신기를 슬쩍 집어넣을 수 있었다. 우리 넷은 두근대는 심장을 다잡고 방으로 달려와 점호가 끝나기만을 기다렸다.

그날 저녁, 우리는 모두 컵라면을 하나씩 사서 대기했다. 평소에 뜨거운 물을 받으러 가기 무서워 절대 시도하지 못했던 새벽 컵라면 먹기를 도전해보기 위해서였다. 다 같이 공기계 화면 속 사감 선생님을 뜻하는 점이 움직이는 것을 뚫어져라 쳐다보고 있었다. 사감 선생님은 한 층 아래인 2층에 계셨고, 위치로 보아 자신의 방에 계신 것 같았다. 우리 중 한 명이 문을 살며시 열고 정수기에서 물을 받아 오기 위해 출발했고, 나머지 세 명은 긴장감 속에 점을 계속 관찰했다. 물을 뜨러 간 친구가 돌아올 때까지 사감 선생님은 같은 방 앞에 머물러 계셨다. 그 틈을 타 빠르게 네 명 모두 물을 떠 올 수 있었다. 라면을 먹으면서 다 같이 앞으로의 편한 기숙사 생활을 기약하며 신나게 이야기를 나누었다. 그 와중에 사감 선생님이 3층으로 올라오려는 움직임이 보여서 우리는 서둘러 면을 다 먹고 국물은 옷장 안으로 숨긴 뒤 자는 척했다. 아니나 다를까 사감 선생님이 우리 방 앞에서 한동안 서성이다 가는 것을 공기계를 통해 관찰할 수 있었다. 우리는 다시 한 번 사감 선생님이 서울대 심리학과를 나오셨다는 소문에 깊이 공감하게 되었다.

그날 이후로 우리는 마법 지도를 이용해 일탈을 즐겼고, 다양한 편의 기능들을 추가하기 시작했다. 하루는 우리가 너무 신나게 떠든 나머지 지도를 확인하지 않다가 사감 선생님에게 걸려 벌점을 먹었는데, 그날로 사감 선생님 3층 진입 시 진동으로 알려주는 기능을 추가했고, 5미터 이내 접근 시 두 번 진동하도록 했다. 그 이후로 새벽에 한 번도 걸리지 않게 되었다.

우리는 점점 더 대담하게 놀기 시작했다. 멀리 있는 게 확실한 상황에서는 걱정 없이 떠들었고, 어떤 때는 음악을 틀기도 했다. 때때로 사감 선생님이 3층이 소란스러운 것을 느껴 올라오셨지만, 빠른 대처 덕분에 들킬 염려는 없었다. 어느 날은 치킨을 먹고 싶다는 친구가 있었다. 우리 모두 격하게 동의했고, 새벽에 치킨을 시켜 먹기 위한 계획을 짜기 시작했다. 치킨을 받는 방법은 대대로 선배들에게 물려받은 비법인 베란다에서 밧줄을 사용하기로 했다. 한 번도 시도한 적은 없지만, 선배들이 자주 주문한다는 치킨 집에 미리 전화해 새벽 1시에 고등학교 베란다 아래로 와달라고 부탁했다. 그리고 학교 창고에서 밧줄과 바구니를 찾아 방에 훔쳐놓고 새벽이 오기만을 기다렸다.

시각은 12시 50분, 슬슬 미리 나가 있을 준비를 하기 위해 가위바위보에 진 사람 두 명이 베란다에서 미리 대기하기로 했다. 그때 나는 무서워서 정말 가기 싫었지만, 가위바위보에 진 탓에 어쩔 수 없이 나가게 되었다. 핸드폰을 이동하면 블루투스가 끊기기 때문에 사감 선생님이 2층에 있는 동안 빠르게 베란다로 바구니를 들고 이동했다. 돈은 현금으로 준비해 미리 바구니에 넣어놓았고, 베란다 밖에서 다른 친구와 함께 10여 분을 기다렸다. 사감 선생님의 위치를 알 방법이 사라지니 신나는 새벽 시간이 다시 긴장감 넘치는 시간으로 변해버렸다. 만일 치킨을 들고 들어가는 순간 사감 선생님과 마주친다면? 벌점 폭탄을 받고 퇴사를 당할 수도 있었다.

치킨 배달부는 익숙한 듯 시동을 멀리서 끄고 걸어온 뒤, 우리가 내려놓은 바구니에서 돈을 꺼내고 바구니에 치킨을 넣어주었다. 일단 치킨을 받긴 했는데, 베란다에서 다시 들어갈 타이밍을 잡는 것이 너무 무서웠다. 우리의 우선순위는 치킨이었으므로, 한 명이 미끼로 먼저 나가 안전을 확인한 뒤 치킨을 든 한 명이 뒤따르기로 했다. 나는 그때나 지금이나 겁이 많았기 때문에, 치킨을 들고 뒤에 혼자 남아 있는 것을 견딜 수 없어 먼저 가겠다고 미끼를 자처했다. 먼저 바깥을 탐색한 뒤, 살금살금 방으로 돌아오는 데 성공했다. 방 안에서 기다리던 두 명은 나를 환영해주었지만, 치킨이 없는 나의 손을 보고 무시한 뒤, 사감 선생님이 지금 없다는 것을 확인하고는 치킨을 든 친구에게 빨리 오라고 손짓했다.

기숙사에서 치킨을 먹는 이벤트는 한 기수에서 거의 두 방만 경험할 수 있을 정도로 대담하고 치밀한 작전 수행 능력을 가진 학생들의 전유물이었다. 우리는 이러한 계획을 수행해낸 우리 자신이 너무 자랑스러웠다.

뒷이야기

아쉽게도 그날 이후에는 기말고사 기간과 입시 기간이 겹쳐 우리가 만든 지도를 사용할 만한 기회가 없었다. 그리고 아쉽게도 사감 선생님이 슬리퍼를 바꾸시는 바람에 다시 사용하려면 여러 위험을 감수해야 해서, 우리는 아두이노 보드를 다시 해체해 실험실에 반납하는 것으로 기숙사 생활을 마무리 지었다. 고등학교 시절 즐거운 추억을 꼽으라면 우리가 만든 기기를 이용해 새벽마다 일탈하고 치킨을 시켜 먹던 것을 최고로 뽑는다.

졸업한 뒤 사감 선생님을 찾아뵙고 나서야 알았지만, 사감 선생님 방에는 기숙사 복도 곳곳을 촬영하는 CCTV가 존재했다. 따라서 우리가 사감 선생님이 2층 자신의 방에 있다는 생각에 방심하고 라면 물을 떠 오는 모습을 이미 다 보고 계셨고, 3층에 올라와서 문을 열었는데 자는 척하는 학생들에게 뭐라 하지 못해 그냥 내려가신 것이었다. 허허……. 그때는 사감 선생님이 마냥 무섭고 불공평하다고 생각했는데, 이런 사실들을 알게 되니 어떻게든 규정을 피해 놀려는 영악한 학생들을 제어하면서도 다른 조용한 학생들도 피해를 받지 않도록 늘 노력하시는 사감 선생님이 정말 본분을 다하고 공평한 분이라고 생각된다. 또 위치 추적기를 몰래 사감 선생님 슬리퍼에 설치하는 것도 모자라 이를 이용해 선생님의 업무를 방해한 것이 너무 죄송하다는 생각이 든다.

도시 촌놈들에게
별 보여주기 프로젝트

기술경영학부 17 방유진

어느 산골 고등학생의 아지트, 밤하늘

강원도의 고등학생이던 나는 천문 동아리의 수장이었고 별명은 천문대의 여신이었다. 동아리 활동을 핑계로 학업에서 벗어나 옥상 위에서 별을 보는 것이 좋았다. 카이스트가 대전 중심부에 위치하지 않아서일까? 광역시인데도 밤늦게 도서관에서 나오면 별이 콕콕 박혀 있는 하늘을 본 적이 있다. 그런데 우리 고등학교 옥상에서 올려다본 별은 콕콕 박힌 정도가 아니다. 산골에 위치한 학교여서인지 별사탕 한 봉지를 하늘에 쏟아놓은 것만 같았다. 망원경으로 보면 느낌이 또 다르다. 나는 가끔 짝사랑하던 선배에게 망원경으로 별을 보자고 데이트 신청을 했는데 모두 거절당했다. 그럴 때마다 망순이(내가 붙인 망원경 이름)와 둘이 고독한 밤을 보냈다. 그게 내 일상이었다.

　우리 천문대는 별을 관측하는 아지트이자 나의 쉼터로 제 역할을 톡톡히 했으나, 한 가지 지리적인 문제가 있었다. 동쪽과 북쪽은 산이 있어서 관측이 힘들었고 남쪽은 도시의 불빛 때문에 별이 잘 보이지 않았다. 다른 지역보다 육안으로 별을 많이 볼 수 있는 건 맞지만, 정밀하게 별을 관측할 수 있는 유일한 방향은 서쪽뿐이다. 남쪽의 도시는 꽤 발전했다. 학교에서 보면 주황빛인지 노란빛인지 모를 불빛이 둥글게 막을 형성해 도시를 감싸는 것만 같았다. 하늘로 갈수록 불빛은 점점 약해지지만 여전히 존재감을 발휘해 하늘이 탁했다. 하지만 탁한 하늘이 도시에 대한 나의 인식에 부정적인 영향을 주지는 않았다. 사실 그때는 빨리 기숙사 생활을 하는 학교에서 벗어나 불빛이 가득한 자유로운 도시에 퐁당 몸을 담그고 싶었으니까. 자유로운 도시 사람들은 별을 볼 수 없다. 깜깜한 밤에 밝게 빛나는 별은 도시의 불빛 안에서는 뼈도 못 추린다. 일에서 자유롭지 못한 도시 사람들은 너무 바빠 별을 볼 시간이 없을지도 모른다. 내가 사랑하는 별을 방해하는 가로등과 수많은 상점의 불빛들. 하지만 갑갑한 산골 기숙사에서 나는 도시의 불빛을 동경했다.

　동아리 회식이 있는 특별한 날이었다. 잔뜩 기대하고 '외출'에 나섰다. 교내 생활과 2주에 한 번 있는 귀가가 일상의 전부인 내게 학교 밖을 나갈 수 있는 외출은 꿈만 같은 시간이었다. 꽤 늦은 저녁 시간에 출발했던 것 같다. 급식이 아닌 오랜만에 먹는 외부 음식. 그 시간을 온전히 느끼기 위해 커피숍까지 다녀오려면 서둘러야 했다. 앞만 보고 걷는 수많은 사람들 속에서 걸음을 재촉했다. 겨울인데도 땀을 뻘뻘 흘리며 커피숍에 도착했다. 그동안 자습 시간에 선생님 몰래 작성했던 '외출하면 하고 싶은 것 리스트'를 모두 수행했다. 음식으로 가득 찬 남산만 한 배와, 학교에 가서 자습을 해야 한다는 무기력함만 남았다. 학교에서 바라본 남쪽 도시에 가면 스트레스가 모두 풀릴 것만 같았는데…….

정말 문득 천문대가 생각났다. 나만의 시간을 갖고 싶을 때 올라갈 수 있는 곳. 컨테이너 박스를 개조해 난방이 잘 되진 않지만 불어오는 바람 향기를 온전히 맡을 수 있는 곳. 생크림이 가득 올라간 고급스러운 커피는 아니지만 하얀 종이컵에 담긴 어딘가 덜 섞인 핫초코. 그리고 느껴지는 별의 위로. 내가 만약 도시에서 학교 공부를 하고 학원을 돌아 집으로 갔다면 고등학교 생활을 잘 마칠 수 있었을까? 달콤하기만 할 것 같았던 세 시간의 외출보다 30분 동안 별과의 교감이 나에게는 더 큰 위로가 되었다.

도시를 향해 쏘아 올린 작은 공, 광공해 연구

'도시 아이들도 이걸 좀 알아야 할 텐데…….'

이게 내 도전의 시작이었다. 도시에서도 별을 볼 수 있는 방법을 고안해내고 싶었다. 천문대 남쪽의 불빛은 더 이상 동경의 대상이 아니었다. 치우고 싶었다.

동아리 친구들과 팀을 이뤄 남쪽 하늘의 둥근 막을 광공해(光公

害)로 여기고 과학적으로 접근하기 시작했다. 가로등과 상점 간판의 불빛은 없어서는 안 되므로 이 불빛을 최소화하는 것이 접근 방향이었다. 가로등을 생각해보자. 종류가 많다. 전구가 달려 있는 높이도 다르고 바라보는 방향도 다르다. 어떤 건 전구에 캡이 씌워져 있기도 하고 전구 자체의 종류도 다양하다. 똑같은 환경에서 실험하려면 어떻게 해야 할까? 방법은 간단하다. 이 천문대에 엄청 큰 가로등 하나를 설치하면 된다. 이를 위해 내가 할 일은 천문 선생님이신 나의 캡틴께 있는 힘껏 징징거리는 것이다. 어렵지 않게 승낙을 받아냈다. 천문대 여신은 사실 비주얼 여신이 아니라 하도 잘 징징거려 승낙을 받아내는 데 신이라 붙여진 이름이다. 천문대 옥상에 건장한 남성분들이 무언가를 가져오셨다. 엄청 큰 기둥은 높이를 다르게 하여 전구를 달 수 있는 가지가 있었다. 높이뿐 아니라 각도도 다르게 할 수 있었다. 우리는 갖가지 전구를 사들였다.

1.5미터, 2.5미터, 3.5미터로 높이 조절을 할 수 있고, 각 기둥을 기준으로 60도, 90도, 120도 각도로 전구를 설치할 수 있다. 원하는 곳에 원하는 전구를 설치해 환경을 달리한다. 어떤 패턴이 하늘에 미치는 불빛을 최소화하고 도시에서도 별을 볼 수 있도록 한단 말인가. 엄청 추운 겨울날 꽁꽁 언 손으로 사다리를 타고 올라가 전구 설치하기. 그것도 친구들이 모두 잠든 깜깜한 밤에 본격적으로 시작할 수 있는 연구. 그때는 왜 그리 신이 났는지 모르겠다. 패턴에 따른 결과 값을 비교해야 한다. 만약 높이에 따른 결과 값을 보고 싶다면 높이만 달리하고 각도, 전구의 종류는 동일

하게 해야 한다.

처음에는 우리 천문대에서 가장 있어 보이는 대형 망원경과 CCD라는 기계를 이용했다. CCD는 빛을 검출하는 기계로 구경측광을 할 때 쓴다. 구경측광에서 구경은 빛이 들어오는 구멍의 크기를 말한다. 따라서 구경측광은 구경으로 들어오는 광량을 측정해 얻은 등급으로, 별이 얼마나 밝은지 알 수 있다. 하지만 이 방법은 천문대의 구조와 망원경의 위치 때문에 별의 밝기뿐만 아니라 남쪽의 도시 불빛까지 함께 측정되어 유의미한 결과를 얻을 수는 없었다. 며칠간 밤새운 실험들, 오류의 원인 분석을 위해 머리를 싸매던 시간들이 물거품이 되었다. 다른 방법을 찾아야 하는데 그 방법이 옳다는 보장 없이 또 밤을 새워야 한다. 이것이 연구라는 건가? 그때 나의 캡틴은 실패는 당연하고 고마운 것이라고 하셨다. 실패는 더 좋은 생각을 할 수 있는 계기가 되고 시행착오에서 우리는 특별해질 수 있다고 하셨다. 내가 할 수 있는 일은 다시 도전하는 것이었다.

나의 망순이인 켄코(Kenko) 망원경과 함께했다. 나약한 망순이는 CCD의 무게를 잘 견디지 못했다. 다시 도전했다. 이번엔 DSLR 카메라를 이용했다. 남쪽의 불빛이 영향을 미쳐 옮겨 가기만 열다섯 번. 그렇다. 15일 밤을 지새운 것이다. 적절한 위치를 찾아 DSLR로 하늘을 찍고 하늘의 밝기를 단순하게 측정하는 것이 우리가 찾아낸 방법이다. 하늘이 밝을수록 별을 보기 힘드니까. 방법은 정말 단순한데 그 단순한 방법을 찾기까지의 과정이 매번 순탄치는 않다. 물론 인공광의 불빛이 아닌 별빛도 결과 값에 영향을 미칠 수 있다. 하지만 이 별빛을 고정 값으로 두면 된다. 조건을 달리하며 이미지를 얻는 동안 일주운동이 진행되어도 모든 이미지에 별들이 동일하게 등장하면 된다. 따라서 하늘 전체의 빛 평균을 이미지 프로그램으로 분석했다.

결과는 예상과 같았다. 높이가 낮을수록, 방향이 아래쪽으로 향할수록, 캡이 있는 전구일수록 별을 보기가 쉽다. 하지만 이 연구의 의미는 정량적으로 분석했다는 데 있었다. 사실 하늘을 어둡게 할수록 사람들을 향해 빛을 비추는 면적은 적어져서 가로등이나 상점의 불빛으로서의 효과는 적어진다. 면적과 하늘의 밝기에 대한 정량적인 데이터와 경제성, 광공해에 대한 중요도가 있다면 도시 설계를 위한 가로등을 추천, 디자인해줄 수 있을 것이다. 이때 생각난 것이 바닥의 반사도이다. 그렇게 봄이 지나고 여름을 맞았다.

다시 연구가 시작되었다. 바닥의 반사도에 따라 정량적인 데이터 값은 또 달라질 것이다. 천문대에서 이를 어떻게 측정하면 좋을까? 실천하기 두렵지만 방법은 단순하다. 먼저 천문대 바닥을 모두 흰색으로 칠하고 측정한 다음, 검은색으로 모두 칠하면 된다. 이런 의견이 나왔을 때 우리 팀은 다들 경악을 금치 못했다. 천문대가 원룸 사이즈도 아닌데……. 호기롭게 페인트를 주문하고 비장하게 옷을 챙겼다. 가장 아끼지 않는 옷. 2년 전부터 입어 목이 늘어난 옷을 골랐다. 이 옷은 연구가 끝나면 장렬하게 전사할 게 틀림없었다. 그만큼 미련이 남지 않을 옷이었다. 천문대를 향해 계단을 오를 때 수많은 학우들이 내게 보낸 응원의 눈빛은 아직도 생생하다. 페인트를 칠하면서 눈도 아프고 코도 아팠다. 공부보다는 재밌었지만 시험이 얼마 남지 않아 걱정스러웠다. 내 근육과는 안녕을 고해야 했다. 내 피부와도 안녕을 고했다. 온몸에 묻은 페인트 때문에 샤워실 바닥에는 검은색 비눗물이 흘렀다.

반사율까지 고려한 정량적인 데이터 결과는 흐뭇하기 그지없었다. 도시 촌놈들은 우리의 노력을 알까 모르겠다. 촌에 있는 우리 학교 학생들은 종종 도시 사람들을 위해 연구를 한다. 한 가지 예로 우리 학교 선배 중 한 명은 얼룩말 패턴을 연구했다. 얼룩말이 왜 더운 날에도 잘 뛰어다니는지 아는가? 또 얼룩무늬를 가져서 얼룩말이겠지만, 왜 얼룩말은 얼룩무늬를 가졌는지 아는가? 얼룩말의 무늬는 열을 방출하는 데 도움을 준다고 한다. 여기서 아이디어를 착안한 선배는 도시 모형 속 건물의 옥상을 얼룩말 패턴으로 칠했다. 이것이 도시의 열섬 현상을 해결할 열쇠라고 생각한 것이다. 열섬 현상은 도시에서 발생하는 수많은 열이 도시 안에 갇혀 온도가 올라가는 현상이다. 실제로 옥상의 얼룩말 패턴은 도시의 열을 도시 밖으로 방출했다.

다시 돌아오자. 연구의 계기는 얼룩말 같은 어떤 소재로부터 문득 생각난 아이디어일 수도 있고, 도시 촌놈들에게 별을 보여주고 싶다는 단순한 마음일 수도 있다. 물론 전자와 후자 모두 누군가에게 도움을 주기 위한 연구다. 천문대 남쪽 세상으로 건너가고 싶었던 나는 나의 천문대, 나의 고등학교 생활의 소중함을 깨달았고 그 소중함을 남쪽 세상 사람들에게 전하고 싶었다. 내 연구는 그런 의미에서 따뜻했다. 한여름에 바닥을 페인트로 열심히 칠하는 모습이 바보짓처럼 보였을지도 모른다. 한겨울에 꽁꽁 얼어 미끄러운 바닥 위에 큰 사다리를 놓고 올라가는 모습이 어리석어 보였을 수도 있다. 하지만 그것은 우리 팀의 열정이었고 행복이었다.

카이스트에서 찾은 나의 별

고등학생인 나는 희망하는 진로가 없었다. 다른 친구들은 저마다 좋아하는 과목이 있었다. 하지만 나는 모든 수업에 적당한 흥미가 있었고 매번 열심히 참여했을 뿐이다. 유난히 좋아하는 것도 잘하는 것도 없던 나 자신이 큰 걱정거리였다. 선생님들은 대학교 입학 지원을 위해 우리에게 각자 가고 싶은 학과를 물었다. 친구들은 어떤 과목을 좋아하느냐에 따라 학과를 정했다. 난 학과와 진로를 결정하지는 못했지만 고민 끝에 이렇게 적어냈다.

'가고 싶은 학과는 모르겠지만 사람들에게 도움을 주는 연구를 하고 싶습니다.'

변치 않는 따뜻한 마음으로 연구를 할 수 있는 곳, 다양한 경험을 하면서 하고 싶은 공부를 선택할 수 있는 곳. 사람들의 마음속에 저마다의 별을 심어줄 수 있는 연구를 하기 위해 나는 대한민국의 별들이 모여 있는 카이스트에 왔다. 고등학교에서 별을 보던 나는 카이스트에서 더 성장하길 바랐다. 이제 대학생이 된 나에게 물어보았다. 과연 그 바람을 이루었는가? 혹시 천문대 남쪽의 사람들처럼 바쁘게만 살아가고 있지는 않은가? 어떤 것을 배우면

외워야 한다고 생각했다. '어떻게 이것으로 세상을 바꿀 수 있을까'라는 생각은 사치가 되어버렸다. 처음 내가 카이스트를 온 이유가 아닌, 학점이라는 숫자로 다른 이들과 비교하며 대학 생활을 이어나가는 것은 아닐까?

중간고사 기간 밤늦게까지 공부하고 기숙사로 걸음을 재촉하던 나는 문득 하늘을 올려다보았다. 밤하늘에 비친 별에 고등학생 시절의 내 눈동자가 겹쳐 보였다. 도전을 무서워하지 않았던, 실패를 두려워하지 않았던 내 모습. 그 모습에 부끄러움이 밀려와 이내 고개를 땅으로 떨구었다. 나를 돌아보고 일으켜 세우는 것은 결국 나이기에, 다시 별을 올려다봤다. 그날 방으로 가서 노트북을 켰다. 학과 지도 교수님께 메일을 쓰기 시작했다.

'교수님, 아직 마땅한 주제는 생각나지 않습니다. 하지만 사람들을 도울 수 있는 연구를 해보고 싶습니다. 어떤 연구든 제가 성장할 수 있을 거라 생각합니다.'

지금 나는 별을 볼 시간이 없을 정도로 바쁘다. 하지만 힘들지 않고 행복하다. 우수한 학우들과 함께 문제를 고민하고 이 사회를 위해 적용할 수 있는 방법을 매 순간 생각한다. 수업 하나하나를 소중히 여기고 연구에 몰입하면서 내 인생에 집중한다. 물론 놀 때는 화끈하게 논다. 소중한 친구들, 멀리 있는 가족들을 사랑한다. 이것이 밤하늘에는 없지만 카이스트에서 찾은 더 밝은 별이다.

비범한 엉뚱함의 날개

생명과학과 16 **이동은**

무한동력을 만들던 카이스트 학생

최근에 내가 초등학생이던 2008년부터 시작된 마블코믹스의 영화 〈어벤져스〉라는 대서사시가 막을 내렸다. 나와 함께 10년이넘는 시간을 함께한 영화였고, 그만큼 나와 같은 나이 대를 살아가는 친구들에게 깊은 감동과 아쉬움을 남겨주고 끝이 났다. 어떤 이는 기억을 500번 지워서 500번 다시 보고 싶다고도 말했다. 나와 같은 세대를 살아가는 이들이라면 공감할 또 다른 것들이 있다. 〈어벤져스〉처럼 또다시 최근에 연재를 끝낸 김우영 화백의 〈뚱딴지〉나 매주 같은 요일을 기다리게 만들던 웹툰 같은 것 말이다. 그중에서도 주호민 작가의 〈무한동력〉이라는 작품은 한 번쯤은 들어봤을 것이다. 내가 초등학생일 때도 중학생일 때도 고등학생일 때도 학교 도서관에 가면 닳고 닳은 채로 한 권씩 꽂혀 있던 만화책이다. 그 덕에 아직도 일부 우스운 장면들이 생생히 기억날 만큼 많이 읽을 수 있었다.

작중 줄거리는 무한동력 연구에 몰두하는 하숙집 주인인 한원식 아저씨와 딱 지금의 내 또래인 복학생 장선재가 만나 이끌어 가는 이야기다. 아직도 용접 공구를 들고 거대한 무한동력 장치를 수리하는 아저씨의 모습이 떠오른다. 아마 중학교 과학 시간에 열역학을 가르친 선생님이 계신다면 "무한동력은 불가능하다"라는 말씀을 한 번쯤 하셨을 것이다. 그래서 아쉽게도 무한동력을 만들겠다는 일이 얼마나 어처구니없는지 모두 잘 알고 있을 것이다. 하물며 중학교 과학 시간에도 가르치는 기본적인 내용을 거스르는 상상을 실제로 옮겨본 적 있는 카이스트 학생이 있다면 믿겠는가? 아니 저러고도 어떻게 카이스트에 입학했지?, 라고 생각하진 않을까.

물론, 내가 무모하게 무한동력에 뛰어든 건 최근이 아니라 중학교 때 이야기다. 당시 한창 프로젝트 경진 대회 같은 과학 탐구 대회가 많이 있었는데, 나와 내 친구는 한국과학영재학교에서 열리는 한 대회에 참가하기로 결심했다. 난 그때 자동차에 관심이 많았고 어린 나이에도 카메라를 들고 여기저기 모터쇼가 열리는 곳이면 구경을 갔다. 친환경 에너지를 이용하는 자동차를 만들어 보고 싶어 친구와 함께 구상하기 시작했다. 다양한 친환경 에너지의 발전 방법 가운데 수력 발전을 자동차에 적용시킬 수 있는 방법이 없을까 고민했는데, 하늘에서 떨어지는 빗물을 받아서 자동차를 굴리면 좋을 것 같았다.

지금처럼 물리학 서적을 들여다볼 수도, 논문을 찾거나 구글을 뒤져서 비슷한 주제의 아이디어가 있는지 알 수도 없어서 우리는 아크릴판과 '과학상자'에서 뗀 바퀴, 글루건 이 세 개만 들고 친구 방에서 직접 실험해보는 수밖에 없었다. 아크릴 상자로 자동차 형태를 만들고 과학상자 바퀴와 프로펠러를 달아 자동차 내부에 물이 흐르면 바퀴가 굴러가게 만들었다. 그 후 양동이에 물을 담아 자동차에 붓고 차가 앞으로 조금 굴러간다는 사실에 매료된 나머지 앞뒤 가리지 않고 이것저것 기능을 추가하기 시작했다.

그때 만든 사족 중 하나는 그 물로 굴러가는 아크릴 자동차에 기어라는 개념을 넣은 것이다. 물이 흐르는 통로의 경사를 조절할 수 있는 레버를 만들어 차의 추진력까지 조절했다. 하지만 우리의 아이디어에는 큰 허점이 있었다. 비가 항상 오지 않기 때문에 자동차가 수력으로 달리려면 물을 저장하고 있어야 한다는 점이다. 이미 아크릴 차체는 이곳저곳에 구멍을 뚫어가며 부품을 더한 상태라 회복이 불가능했고, 우리는 노선을 변경해 우유팩을 이용해 자동차를 다시 만들어 실험을 이어나갔다. 실험 장소도 아예 친구 방에서 화장실로 옮겼다. 우유팩에 페트병을 달아 물을 저장한 만큼 달릴 수 있게 만들었지만, 우리는 또다시 물의 질량을 간과하고 말았다. 이것이 몇 년 뒤에 카이스트에 진학할 학생이 해도 되는 실수인가.

그래도 그때 우리는 포기하지 않았고, 다시금 아이디어를 짜내 최소한의 물로 자동차를 오래 달리게 만드는 방법을 찾았다. 옛날에 손잡이를 돌려 손전등을 켜는 장난감을 가지고 논 적이 있다면, 모터의 프로펠러를 돌려 전자기 유도를 이용해 전기를 생산해낼 수 있다는 사실을 알 것이다. 우리는 페트병에 물을 조금 담고, 이 물이 떨어지면서 프로펠러를 돌려 만들어낸 전기로 펌프를 작동시켜 그 물을 다시 끌어올리는 방법을 생각해냈다! 그러면 최소한의 물로 자동차 내부에 계속 물이 흐를 수 있고, 다시 처음으로 돌아가 이 물의 힘으로 자동차를 굴러가게 하면 될 일이었다. 아차, 물이 계속 흐를 수 있다고? 나와 내 친구는 결국 무한동력을 만들자는 발상에 도달해버린 것이다. 당연히 그 사실을 까마득히 잊고 실험을 거듭한 우리는 마음에 드는 성과를 얻을 수 없었고, 마지막에는 페트병 대신 물풍선을 만들어 추진력을 얻는 자동차계의 물로켓을 만들어 대회장에 참석했다.

행사 당일 쟁쟁한 경쟁자들 속에서 예상과 다르게 같은 지역에서 출전한 팀들 중 우리 팀만 유일하게 상을 받았다. 지금 생각하면 심사하시던 선생님들은 우리의 노력과 아이디어의 가능성을 좋게 보셨던 것 같다. 나는 그때 수상하면서 프로젝트의 결과보다 더 중요한 것이 있다는 사실을 알게 되었다. 지금까지도 나 스스로 자랑스럽게 생각하는 '엉뚱함의 날개'를 꺾지 않고 유지할 수 있었다. 그 날개는 고등학교에 가서 계속해서 성장을 거듭했는데, 입시나 내신에 얽매이지 않고 계속 엉뚱할 수 있도록 도와주신 고등학교 선생님들이 계시기 때문이라 생각한다. 그래서 지금부터는 고등학교 때 있었던, 무한동력만큼이나 비범하고 엉뚱한 두 가지 실험을 소개하고자 한다.

날개 돋은 엉뚱함

첫 번째 실험은 단어가 조금 어려운데 '목재당화' 실험이다. 우리 고등학교는 일반계 고등학교인데도 영재 학급을 운영했는데, 이 과정을 수료하려면 '창의적 산출물'이라는 이름의 프로젝트를 진행해야 했다. 그때 내가 잡은 주제가 목재당화였고, 중학교 때보다는 발전해 논문을 찾는 능력이 생겨 논문 몇 편을 읽고 실험을 구상할 수 있었다. 목재당화는 쉽게 말해 가구나 종이 소재로 사용되고 남은, 또는 사용되지 못한 폐목재를 재활용하기 위해 당으로 바꾸는 기작이다. 일단 당으로 목재를 바꾸면 이후에는 박테리아가 발효시켜 연료로 쓸 수 있는 바이오 에탄올을 만들 수 있어 획기적인 폐목재의 재활용 방법이었지만, 효율은 그다지 높지 않아 문제가 있었다.

우리는 이 과정에서 적합한 촉매를 찾는 것을 주제로 잡았고 실험을 선생님께 제안했다. 단 하나의 문제가 있다면 목재당화의 과정은 아주 높은 고온 고압의 상태에서, 위험한 염산이나 황산 같은 강한 산과 목재, 그리고 금속 촉매를 함께 반응시켜야 하는 실험이라는 점이다. 우리도 당연히 퇴짜를 맞을 게 뻔하다고 생각했지만, 오히려 선생님은 함께 마트에 가서 튼튼한 압력솥을 골라주셨다. 물론 학생들의 안전이 최우선이었기 때문에 산이 묻어도 끄떡없는 내산 장갑과 혹시 모를 폭발을 대비한 후드 시설 내에서 실험하라고 당부하셨다. 중학교 때 무한동력을 구상하던 것보다 논리적이고 이론적인 면에서는 나아졌지만 여전히 위험천만

한 실험을 내놓는 아이디어의 비범함과 엉뚱함은 더 커졌다. 다행히 나의 큰 비범함과 엉뚱함을 담아줄 수 있는 선생님과 친구들이 있었기 때문에 결과적으로 사고도 없이 좋은 실험 결과를 얻을 수 있었다.

목재당화 실험 후에 나는 실험과 구상에 더 자신감이 붙었고, 어디서든 영감을 얻을 수 있을 것 같았다. '청출어람(青出於藍)'이라는 사자성어가 있는데, 이는 스승보다 나은 제자를 지칭할 때 쓰는 말이다. 여기서 '람(藍)'은 쪽 풀을 가리키는데, 이 쪽 풀에서 얻는 푸른색이 쪽 풀의 푸른색보다 푸르기 때문에 청출어람이라는 말이 나왔다. 그런데 왜 쪽 풀에서 얻는 푸른색은 쪽 풀보다 푸를 수 있었던 걸까? 이 의문이 두 번째 실험의 주제였다. 사실 처음부터 청출어람에서 영감을 얻은 건 아니었다.

우연찮게 주말에 집에서 빨래를 널면서 거실에서 텔레비전 다큐멘터리를 보고 있었다. 통도사의 어느 한 스님이 쪽 염색법을 설명하고 있었다. 쪽 풀에서 염료를 만들고 천에 골고루 적셔 마지막 단계에 바람이 잘 통하도록 널찍하게 널어두었다. 그때 스님이 "공기가 잘 통해야 산화가 되어서 푸른색이 잘 나온다"고 말했다. 처음에는 '스님이 산화라는 단어를 사용하신다고?'라며 잠시 어색함을 느끼다가, 쪽 염색이 과연 산화와 연관이 있는지 궁금했다. 그래서 자료를 조사해 쪽 염색의 인디고라는 물질이 산화와 환원 반응을 통해 녹색과 청색의 차이를 가지게 된다는 사실을 알게 되었다. 청출어람도 산화 없이는 불가능한 과정이었다.

이 사실을 어떻게 하면 재미있게 응용할 수 있을까 고민했다.

건강 기능 식품으로 자주 소개되는 항산화제인 폴리페놀이 정말 산화를 막아주는지 확인할 수 있지 않을까, 라는 생각이 들었다. 이리하여 쪽 염색을 통한 폴리페놀 함량 측정에 관한 연구를 시작하게 되었다. 처음부터 나의 엉뚱함이라는 날개가 꺾여 있었다면 조금 어려워 보이거나 성공할 가능성이 낮아 보이는 실험은 도전하지 못했을 것이다. 또 주변에서 보고 듣는 일을 통해 과학적인 사실을 이끌어내자는 의지도 호기심도 갖지 못했을 것이다. 내가 처음 나갔던 탐구 대회에서 수력 자동차가 무한동력이라는 이유로 심사위원들에게 혹평을 받았다면, 내가 제안한 목재당화 실험이 시도하지도 못한 채 그저 휴지통으로 들어갔다면, 과연 나는 마지막까지 새로운 실험을 만들어나갈 의지를 가지고 있었을까? 그 의지가 없었다면 카이스트에 입학할 수 있었을까? 설사 입학한다 하더라도 지금 내 앞에 놓인 어려운 과제를 헤쳐나갈 수 있었을까?

엉뚱함이라는 날개는 다시 자라지 않는다

터무니없는 실험 하나와 조금 위험했던 실험 하나, 그리고 엉뚱한 곳에서 영감을 얻은 실험 하나를 하고 나서 재미있는 사실을 알게 되었다. 내가 입학하고 두 번째 실험과 세 번째 실험을 한 고등학교의 화학 선생님 중 한 분이 바로 내가 처음 무한동력 수력 자동차를 들고 나갔던 대회의 심사 위원이었다는 사실이다. 나도 이

것을 고등학교에 입학하고 나서야 알게 되었고 돌이켜보면 그 덕분에 엉뚱함이라는 날개를 꿋꿋이 지킬 수 있었다. 누구든 이런 상황에서 나를 보면 운이 좋았다고 말할 수도 있다. 하지만 운이 좋아서 가능한 일이 아닌, 누구나 처음 자라나는 날개를 자르는 사람이 없어서 가능한 일이 되었으면 좋겠다.

처음부터 완벽한 상태로 태어나는 존재는 없다는 사실을 최근 수강 중인 환경진화생물학 수업에서 배우고 있다. 완벽하게 분화하기 이전인 배아에서부터 다음 세대로 이어지기까지 다양한 환경의 도전을 받고, 이에 따라 후성유전학적인 요소가 바뀌거나 조절되면서 새로운 환경에 자리 잡는 개체가 된다. 그러다가 특정 유전자가 하나라도 빠진다면 완전히 하나의 기관이 빠져버린 개체가 되기도 한다. 모든 것은 단계적으로 바뀐다.

우리의 엉뚱함이라는 날개도 마찬가지다. 처음부터 단계별로 조금씩 커지는 과정에서 다양한 도전을 받고 성장하지만 그 크기를 채 키우기도 전에 너무 쉽게 중간 단계를 무시해버린다. 그러다 정작 그 날개로 날아야 할 일이 생길 때 뒤늦게 언제 날개가 없어졌는지 돌이켜보기 시작하면 때는 너무 늦다. 무한동력을 만들라는 말이 아니다. 다만 엉뚱함의 날개를 달고 나타난 누군가가 다소 엉뚱한 이야기를 해도 최선을 다해 도와주자는 것이다. 혹시 섣부른 판단으로 '엉뚱함의 날개 유전자'를 쏙 빼버릴지도 모르니 말이다.

"박제가 되어버린 천재를 아시오?"라는 구절로 유명한 이상의 『날개』라는 소설의 마지막 장면에는 이런 구절이 나온다.

날개야 다시 돋아라.

날자. 날자. 날자. 한 번만 더 날자꾸나.

한 번만 더 날아보자꾸나.

중간에 꺾여버린 엉뚱함의 날개는 다시 돋지도 않고, 그 날개
로는 비범하게 날지도 못한다.

술김에 그랬나?

화학과 16 **장진영**

연구 주제가 왜 거기서 나와

달빛이 창문 틈을 비집고 들어오는 깊은 밤, 시곗바늘은 10시를 가리키는데 할리 씨의 딸 제인은 잠에 들 생각을 하지 않았다. "제인, 이제 아빠가 사준 토미 안고 자야지." 인형을 건네자 "아빠나 새로 산 담배 안고 자"라고 받아치는 제인에 할리 씨는 벌써 아이의 말주변이 이렇게 늘었나 싶어 놀랐다. "아빠 이제 불 끄고 간다? 마지막이야, 눈 감고 100까지 세자." "아빠, 엄마랑은 어떻게 처음 만났어?" "응?" "아빠가 사준 인형이 내 품으로 처음 온 것처럼, 아빠도 엄마를 처음 만났을 때가 있을 거잖아." "그렇지……." 조잘조잘 제인의 말소리 속에 할리 씨는 아득한 기억으로 빠져들었다.

사람들은 이렇게 말한다. "술 한잔 들어가니 더 잘 생겨 보이는데?" "술 때문인가, 오늘따라 예뻐 보여." 할리 씨와 그의 아내 타냐의 첫 만남에도 이 대사가 존재했다.

때는 1970년 영국 런던, 빨간 조명이 인상적인 펍에서 한 대학원생이 교수님의 계속되는 타박에 여느 때처럼 술잔을 기울이고 있었다. 완성된 코다리처럼 찌들대로 찌든 눈동자에 한 여자가 들어왔다. 유리잔을 호호 불어 닦는 그 손길이, 숨결이 뿜어져 나오는 그 입술이, 분홍빛 아롱진 그 뺨이 예사롭지 않았다. 말이나 걸어보자는 심산으로-사실 그는 운명이라 생각했다- 반쯤 잠긴 목소리로 용기를 내던 그 순간.

하나의 생각이 할리 씨의 머리를 스쳐 지나갔다. '술김에……?'

타냐에게 반했던 것은 정말 '술김'이었을까? 그저 그런 사람들이 하는 말처럼, 에탄올 분자의 농락으로 그녀가 아름다워 보였던 것일까? 농락이라면 사람이 더 못생겨 보일 수도 있어야 하는 일 아닌가. 어째서 사람들은 눈에 핑크빛 필터를 끼운 것처럼 한결같이 외모에 후해지는가. 그렇다면 나는 진실로 사랑에 빠진 것이 아니었을까? 꼬리에 꼬리를 무는 생각은 과학자의 머리에 들어온 이상 도통 나갈 생각을 하지 않는다. 그리고 조종하기 시작한다. 이것을 증명하라고.

이튿날, 할리 씨는 평화로운 주말 아침을 맞이하지 못했다. 당장이라도 실험 설계를 해야 했다. 잘 구워진 토스트를 먹는지 제인의 인형을 먹는지 구분도 못한 채 그는 자리를 박차고 일어났다. "뭐예요, 당신?" "아빠, 왜 그래! 내가 인형을 아빠 입에 넣어서 삐졌어? 안 그럴게. 우리 같이 침착하게 토스트를 먹자. 냠냠 냠." "나 학교 좀." 문이 쾅 닫히고 타냐는 나지막이 제인에게 속삭였다. "네 아빠 또 그런다, 그치?"

로햄턴대학. 할리 씨가 졸업하고 다시 교수로 부임하게 된 이 학교. 주말에는 항상 가족과 단란한 시간을 보내며 단 한 번도 오지 않았던 이곳에 오게 될 줄이야.

당장 실험 노트를 꺼냈다. 그런데 무엇부터 가설로 설정해야 할지 몰랐다. 선호도가 증가하는지 감소하는지 어떤 척도로 측정한단 말인가?

"냉수 한잔 마셔야지. 저 컵은 왜 저렇게 생겼담. 좌우가 똑같지 않으면 이상하게 불편하단 말이지."

할리 씨의 얼굴에 화색이 돌았다. 이거다, 이거야! 인간은 대칭적인 것에 대한 기본적 욕구가 있지. 첫 번째 가설, 급성 알코올 섭취가 얼굴의 비대칭을 감지하는 시각적인 능력을 감소시킨다. 두 번째 가설, 이런 급성 알코올 섭취는 비대칭적인 얼굴보다 대칭적인 얼굴에 대한 선호도를 감소시킨다. 그러면 평소 마음에 썩 들지 않는 사람도 술만 마시면 그렇게 매력적으로 보일 수 있지 않을까?

"급성 알코올 소비가 시각적 능력에 영향을 미친다는 생리적 영향에 관한 보고는 많잖아. 안드레 씨가 1996년에 발표한, 에탄올이 대비 감도를 줄이고 세부 사항에 대한 정보를 얻지 못한다는 연구와도 일맥상통하는걸."

다음 날 할리 씨는 아침 미팅에서 연구팀에게 이렇게 말했다.

"우리 팀은 오늘부터 연구 하나를 진행합니다. 다른 이유라기보다…… 갑자기 생각난 아이디어가 있어서요." 평소 인자함과 여유를 놓지 않았던 할리 씨에게 익숙한 연구팀은, 이토록 그를 혈안이 되게 한 주제가 무엇인지 궁금해 하며 입에 넣으려던 비스킷을 내려놓았다. "우리는 모두 '대칭'이라는 것에 열망하죠. 생각해보세요. 작은 물건부터 도시 계획에 이르기까지, 우리는 의식적으로든 무의식적으로든 대칭을 염두에 두고 이것이 어긋났을 때 불편함을 느끼잖아요. 다들 그런 경험이 있을 겁니다." 모두들 고개를 끄덕였다.

"그런데 우리가 판단하는 대상이 인간의 얼굴에도 해당될까요? 무의식 속에서 대칭적인 얼굴에 대한 선호도가 더 높을까요? 그렇다면 우리의 이성이 흐려졌을 때, 예를 들면 술을 먹었다든지 하는 상황 말이에요. 이 대칭성을 감지하는 시각적 능력이 감소된다면, 그리고 이 상황에서 대칭적인 얼굴에 대한 선호도가 감소하고 평소에는 그리 호감이 들지 않았을 비대칭적인 얼굴이 호감으로 다가온다면 어떨까요? 그런 말 있잖아요. 술 먹으니까 더 예뻐 보인다는 둥, 멋져 보인다는 둥…… 그걸 우리는 실험으로 증명해 보이는 겁니다."

팀원들의 얼굴에 묘한 표정이 떠올랐다. 그럴듯해 보이지만 이걸 인간의 얼굴에 적용한다는 건 조금 꺼림칙하지 않느냐는 뜻이었다. "어때요? 흥미롭지 않나요? 당장 실험에 착수하도록 합시다. 피실험자를 좀 모아주세요. 아, 물론 피실험자는 술을 먹을 수 있는 성인이어야 합니다." 듣고 있던 연구팀은 왜 이 주제에 이렇게 혈안이 되었는지, 어떻게 이 주제를 생각하게 되었는지 도통 알 수 없었다.

쉬운 게 어디 있겠냐만

다음 날 로햄턴대학 게시판에 한 공고가 올라왔다.

'*구인* 술을 취할 만큼 마시고 주어진 이미지에 대해 대답하는 간단한 형태의 질문에 답할 수 있는 사람을 구합니다.'

남성 33명, 여성 36명, 총 69명의 참가자가 모였고 평균 나이는 22세, 표준편차는 5.0년이었다. 실험 시간은 오후 8시부터 오후 11시까지, 영국 사람들이 주로 술을 마시는 시간이다. 새로운 장소에서 술을 마시면 피실험자가 의식적으로 평소와 다른 행동을 취할 수 있어 평소 피실험자가 술을 마시던 바에서 실험이 진행되었다.

2008년 3월, 대망의 첫 실험이 진행되었다. 피실험자가 술을 마시고 보게 되는 컴퓨터 모니터에는 한 쌍의 얼굴 이미지 20개와 단일 얼굴 이미지 20개가 한 번에 하나씩 나타났다.

첫째, 피실험자에게 한 쌍의 얼굴 이미지 20개가 제시되었다. 다음 이미지를 예로 들자면 왼쪽은 대칭적인 얼굴을 나타냈고, 오른쪽은 비대칭 얼굴이었다. 각 쌍의 얼굴은 화면에 5초 동안 나타난 뒤, 화면이 공백이 되고나면 참가자는 실험자에게 어떤 얼굴이 더 매력적인지 말하도록 했다.

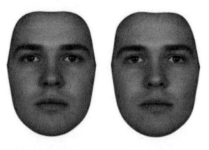

실험에 사용한 두 얼굴 이미지. 왼쪽은 대칭 얼굴, 오른쪽은 비대칭 얼굴이다.

둘째, 20개의 단일 이미지가 화면에 표시되었으며, 참가자에게 제시된 이미지가 대칭이었는지 비대칭이었는지 여부를 판단하게 했다.

모든 참가자는 폐 공기의 알코올 양을 측정하는 휴대용 호흡 알코올 분석기에 숨을 불어넣을 것을 요청받았고, 여기에 혈중 알코올 농도의 추정치가 기록되었다.

첫 실험이 끝나갈 즈음, 구성원들은 모두 자신들의 계획대로 착착 진행된 하루를 잘 마무리하는가 싶었다. 그런데 맙소사. 마지막 단계로 피실험자가 호흡 알코올 분석기에 숨을 불어넣는 순간, 모두가 숨을 들이켰다. 그냥 집으로 갈까 생각한 사람도 서넛 되었다. 첫 피실험자는 술에 취하지 않았다. 아니, 분명히 눈도 조금 풀렸다고 생각했고, 적당히 텐션도 오르고 불그스름해진 얼굴이 술에 취한 사람이 아닐 수 없었는데, 그는 그저 낯가림이 점점 풀린, 술이 한 방울만 들어가도 빨개지는, 그날따라 눈을 그저 최선을 다해 뜨고 싶지 않았던 맨 정신의 사람이었다. 맙소사. 그들이 원한 것은 술에 취해 이성적 판단이 흐려진 사람의 의견이었는데, 내딛은 첫 발자국이 하필 취하지 않은 사람이었다니. 망연자실한 팀을 본 할리 씨는 가만히 있을 사람이 아니었다. 연구자가 연구에 의욕이 없다면 실험이 제대로 될 리가 없다. "오늘 회식할까요?"

런던의 한 펍. 맥주를 벌컥벌컥 삼키는 소리, 바삭한 감자튀김을 씹는 소리, 맥주잔을 내려놓는 소리가 없다면 적막이 감도는 이곳, 모두들 연신 애꿎은 감자튀김만 케첩에 푹푹 찍어대고 있었다. 펍의 주인은 재미는 없지만 돈이 되는 손님들이 왔다는 생각에 한껏 상기된 표정으로 친절하게 이들을 맞았다. 할리 씨는 이 적막을 깨기로 다짐한 듯, 맥주병을 들고 벌떡 일어났다. "여러분, 오늘 실망스러운 하루였나요? 저는 그렇게 생각하지 않습니다. 오히려 우리는 좋은 데이터를 얻었습니다. 어쩌면 우리의 연구가 더 탄탄해질 기회를 우연히 잡은 것이지요."

또 무슨 소리를 하려나, 위로를 할 것이면 감자튀김 말고 치킨을 시켜줄 것이지, 라고 생각하는 연구팀을 향해 할리 씨는 말을 이어갔다. "물론 우리는 술에 취하지 않은 사람을 실험했지만, 그가 오늘 두 번째 실험에서 보여준 대칭 얼굴을 감지하는 정도는 매우 높아요. 다들 알지요? 그가 첫 번째 실험인 선호도에 대해 응답할 때 결과를 기억하나요? 확연히 대칭 얼굴 선호도가 훨씬 높았어요." 팀원들은 하나둘씩 눈을 크게 뜨기 시작했다. "바로 그거예요. 이 결과는 인간이 대칭 얼굴을 선호한다는 우리의 실험 전제가 실제로 맞다는 데 뒷받침이 되어주지 않겠어요? 앞으로도, 혹여나 실험 참가자가 술에 취하지 않았다고 해도, 우리 논문의 자료로서 큰 역할을 할 겁니다." 그의 말이 끝나자 모두가 박수를 치기 시작했다.

사랑이 과학에게, 과학이 사랑에게

다시 활기를 찾은 연구팀만큼이나 나무들도 푸른 생기를 띠는 2010년의 6월이 왔다. 모든 피실험자에 대한 정보가 수집되었고 할리 씨의 연구팀은 논문을 냈다. 그들의 연구 결과는 할리 씨가 대표로 런던에서 열린 학회에서 발표했다. 오랜만에 아빠의 차려입은 모습을 본 제인은 푸른 넥타이를 맨 할리 씨를 향해 "아빠는 빨간 넥타이가 더 잘 어울린다니까"라며 뾰로통한 표정을 지어보였다. "제인, 오늘 발표 다녀와서 우리 딸 잠들기 전에 재미있는 이야기 하나 해줄게. 엄마는 모르는 이야기로. 어때? 아빠 이 넥타이도 잘 어울려?" 하고 빙긋이 웃는 할리 씨에게 제인은 한 여름 활짝 핀 해바라기처럼 어여쁜 미소로 대답을 대신했다. "뭐예요, 당신. 이럴 때만 부녀가 죽이 잘 맞네." "다녀올게, 타냐. 내 사랑." 할리 씨가 나간 뒤 모녀의 대화가 이어졌다. "내일 엄마한테 아빠랑 무슨 이야기 했는지 알려줄 거야?"라고 묻는 타냐의 질문에 "음, 오늘 맛있는 사과파이 구워주면 생각해볼래"라며 받아치는 제인이 귀여웠다.

달빛이 창문 틈을 비집고 들어오는 깊은 밤, 시곗바늘은 10시를 가리키고 있는데 아직 제인과 할리 씨는 잠에 들 생각을 하지 않았다.

"제인, 오늘 아빠가 발표한 내용 한번 들어볼래?" "아니." "너무 단호한데? 아빠가 재밌게 이야기해줄게, 응?" "그래, 한번 해봐."

목을 한 번 가다듬은 할리 씨는 이야기를 시작했다. "제인은 지금 안고 있는 토미 얼굴이, 왼쪽이랑 오른쪽이랑 똑같이 생긴 게 좋아, 다르게 생기게 생긴 게 좋아?" "음…… 아무래도 똑같이 생긴 게 좋은 것 같아." "그래? 아빠가 오늘 발표한 내용도 사람 얼굴의 왼쪽이랑 오른쪽이랑 똑같을수록, 그런 걸 '대칭적이다'라고 하는데, 대칭적인 얼굴을 가진 사람한테 호감이 가는지 아빠가 궁금해서 알아본 것에 관한 내용이었어. 혹시 제인 엄마가 보는 텔레비전 드라마에서 술 취한 역할로 나왔던 사람이 상대 배우한테 '이상하다? 원래 이렇게 잘 생겼었나?' 하면서 오랜 친구인 사람한테 사랑에 빠지는 내용 기억나? 아빠가 이것도 궁금했었거든, 술에 취하면 사람이 더 사랑스럽게 보이는지. 그래서 그것도 알아봤지."

"그래서 더 좋아하게 된대?"

"성격 급한 우리 딸, 결론부터 궁금한 거야? 결론을 말하자면, 맞아. 제인이 아까 인형이 대칭적인 게 더 좋다고 했던 것처럼 말이야. 술에 취한 상태가 되면 대칭적인지 판단하는 능력이 감소된대. 그래서 평소에 별로라고 생각하던 사람도 술에 취하면 이상하게 괜찮아 보일 수 있는 거래."

"그럼 내가 이 인형을 좋아하는 게 이 인형이 대칭적으로 생겼기 때문이야? 그럼 내가 커서 술을 먹을 수 있는 나이가 되면 내가 거들떠도 안 보는 다른 인형이 갑자기 좋아질 수도 있는 거야?"

"하하, 물론 그럴 수도 있지. 그렇지만 아빠가 한 이야기가 전부는 아니야."

그럴 수도 있다는 할리 씨의 말만 듣고는 신기한 듯 자신의 인형을 이리저리 만져보는 제인에게 할리 씨는 다시 이야기를 꺼냈다. "제인, 저번에 아빠한테 물어봤던 거 있지, 엄마랑 어떻게 처음 만났는지." "맞아, 아빠. 아직 그 이야기 안 해줬어. 엄마한테 물어보려다가 일단 아빠 말을 먼저 들어주기로 했어. 그래서 꾹 참고 있었단 말이야." "그랬구나, 우리 딸. 아빠가 엄마를 처음 만난 곳은 펍이었어. 아빠가 가끔 회식할 때 맥주 마시는 곳 말이야. 아빠에게 처음 본 너희 엄마는 무척 아름다웠단다. 물론, 아빠가 한 연구에 따르면 술 한잔 마신 그때의 아빠는 엄마가 평소보다 더 예뻐 보였을 수도 있어."

"그런데 제인, 사실 사람이 사람에게 이끌리고 사랑하는 건 단순히 대칭적인 것을 인식하는 능력의 여부로 파악할 수는 없단다. 아빠와 엄마의 첫 끌림은 단순했을지 몰라도, 그것이 맥주가 장난을 친 것이었는지는 몰라도, 타냐와 사랑에 빠지며 별것이었던 것들이 별것이 아니게 되었고, 별것 아닌 것들이 별것이 되었단다. 절대 단순하지만은 않지. 어렵기도 하고. 제인도 아빠와 이런 이야기를 언제쯤 할 수 있게 될까?"

할리 씨는 시선을 내려 언제부터 색색 숨을 쉬며 잠들었는지 모를 제인을 바라봤다. "사랑한다, 아가. 잘 자렴." 제인의 동그란 이마에 짧게 입을 맞춘 할리 씨가 조심스레 방을 나섰다. 어느새 시곗바늘은 11시를 가리키고 있었다.

제3부

위대한 연구의 비하인드 스토리

허블 우주 망원경을 살린
천문학자들의 언론 플레이

물리학과 14 **김동욱**

갈릴레이 이후 최고의 망원경, 허블 우주 망원경

언젠가 한 번쯤 밤하늘을 쳐다보면서 왜 별은 반짝일까, 하는 호기심을 가져본 적이 있지 않으신가요? 우주의 미스터리를 푸는 것은 인류의 오랜 꿈이었습니다. 먼 옛날부터 수많은 사람이 우주의 비밀을 파헤치기 위해 노력했고, 오늘날에는 많은 천문학자가 그 꿈을 이어받고 있습니다. 오랫동안 쌓여온 지식과 발달한 기술을 통해 어느 때보다도 우주의 비밀에 가까이 다가가고 있습니다.

하지만 이러한 성과들은 아무런 대가 없이 얻을 수 있지 않습니다. 현대의 천문학 연구에는 아주 많은 돈이 필요합니다. 적게는 수십억 원부터 많게는 수조 원에 달할 만큼 엄청난 돈이 듭니다. 이 엄청난 돈을 감당할 수 있는 것은 국가밖에 없습니다. 따라서 천문학 연구는 정부의 지원을 통해서만 이루어지는 경향이 강합니다. 정부의 결정에 따라 천문학 연구가 큰 영향을 받는다는 건 두말할 필요도 없지요.

때때로 정부는 천문학 연구에 큰 악영향을 줄 수 있는 결정을 내리기도 합니다. 하지만 천문학자가 그 결정을 뒤집는 일은 쉽지 않습니다. 천문학이라는 학문이 돈을 벌어다주지는 못하니까요. 그래서 천문학자들은 우주를 향한 대중의 동경에 호소합니다. 정부가 우주의 미스터리를 파헤칠 기회를 앗아간다고 호소해 대중이 정부의 결정을 뒤집을 수 있도록 하는 것이죠. 최신 관측 사진이나 연구 결과를 언론에 널리 알려 대중의 관심을 이끌어내는, 이른바 '언론 플레이'를 합니다. 한때 작동 불능 위기에 빠졌던 허블 우주 망원경을 살린 것도 천문학자들의 언론 플레이와 이에 응답한 대중이었습니다.

허블 우주 망원경은 어떤 망원경일까요? 이름에서 볼 수 있듯이 허블 우주 망원경은 우주에 쏘아 올린 망원경입니다. 옛날부터 많은 망원경이 지상에서 만들어졌지만, 사실 지상에서 별을 관측하는 데는 여러 문제점이 있습니다. 주변의 불빛이 별빛을 가리기도 하고, 구름 때문에 관측할 수 없는 날도 많습니다. 무엇보다도 대류와 같은 여러 현상으로 대기가 흔들리면 대기를 통과하는 별빛도 흔들려 정확하게 관측할 수 없습니다. 이러한 모든 문제는 망원경을 우주로 쏘아 올리면 단번에 해결할 수 있습니다. 그래서 천문학자들은 오래전부터 망원경을 우주로 보내고 싶어 했습니다. 이 꿈은 1990년 4월 24일에 허블 우주 망원경이 발사되면서

우주 공간에 떠서 별을 관찰하는 허블 우주 망원경.

마침내 이루어졌습니다.

그동안 허블 우주 망원경은 수많은 천문학의 난제를 풀어냈습니다. 대표적인 예로 우주의 나이를 거의 정확히 측정해냈습니다. 허블 우주 망원경이 발사되기 전까지는 우주의 나이를 100억 년에서 200억 년 사이로 추산했을 뿐, 정확한 값을 측정하지는 못했습니다. 하지만 허블 우주 망원경의 외부 은하 관측을 통해 우리 우주의 나이가 137억 년이라는 훨씬 더 정확한 값을 얻을 수 있었죠. 또 허블 우주 망원경은 우리 우주의 운명을 예측하기도 했습니다. 빅뱅 이후 팽창하고 있는 우주가 먼 미래에는 다시 수축할 것인가, 아니면 그대로 팽창할 것인가 하는 문제는 허블 우주 망원경 발사 이전까지도 큰 논란거리였습니다. 허블 우주 망원경의 관측 결과는 우리 우주가 영원히 팽창할 것이라는 명쾌한 답을 주었습니다. 이외에도 업적은 셀 수 없이 많습니다. 인류 역사상 가장 중요한 망원경이라 해도 과언이 아닐 정도로 말입니다.

이 엄청난 업적은 공짜가 아닙니다. 허블 우주 망원경을 발사하고 유지하는 데 어마어마한 돈이 들어갔습니다. 허블 우주 망원경의 발사까지 투입된 비용은 무려 47억 달러로, 현재 물가로 환산하면 약 100억 달러, 즉 10조 원이 넘는 엄청난 돈이었습니다. 허블 우주 망원경은 우주에 있기 때문에 고장이 나면 우주왕복선을 발사해 수리를 진행해야 했습니다. 그러나 우주왕복선을 한 번 발사할 때마다 엄청난 비용이 들었기 때문에, 망원경에 자그마한 고장이 나도 방치해두다가 몇 년에 한 번씩 우주왕복선을 발사해 그동안 발생한 고장을 한꺼번에 고쳐야 할 정도였습니다. 이처럼 허블 우주 망원경을 유지하는 데 많은 노력과 시간이 들었습니다. 다행히 그 노력으로 10년이 넘는 시간 동안 성공적으로 작동해 수많은 과학적 성과를 올렸습니다.

허블 우주 망원경의 운명에 먹구름이 끼다

허블 우주 망원경의 운명에 먹구름이 끼는 결정적인 사건이 발생합니다. 2003년 2월 1일, 우주왕복선 컬럼비아호가 지구로 귀환하는 도중 공중에서 폭발하고 만 것입니다. NASA의 사고 조사 결과는 더욱 암울했습니다. 컬럼비아호 폭발 사고의 원인은 우주왕복선의 근본적인 설계 결함이었습니다. 문제가 되는 부분을 고치는 건 불가능할뿐더러 다른 우주왕복선들도 늘 폭발 사고의 위험에 노출되어 있었습니다. 우주비행사들의 안전을 위해 여러 방법이 강구되었지만, 근본적인 문제를 해결할 수 없다고 생각한 NASA는 우주왕복선의 운용을 중단하는 결정을 내립니다.

이는 허블 우주 망원경에 큰 문제가 되었습니다. 허블 우주 망원경은 일반적인 인공위성보다 훨씬 거대했고 지구에서 멀리 떨어져 있어 매우 크고 강력한 우주왕복선으로만 수리할 수 있었습니다. 따라서 우주왕복선의 퇴역은 허블 우주 망원경이 더 이상 수리를 받을 수 없다는 것을 의미했습니다. 허블 우주 망원경이 완벽한 상태라면 좋았겠지만, 불행히도 컬럼비아호 폭발 사고 전부터 많은 고장이 발생한 상태였습니다. 수리를 받지 못하면 그간의 수많은 업적을 뒤로한 채 역사 속으로 사라질 운명이었습니다.

역사상 가장 중요한 망원경을 이대로 보낼 수 없었던 천문학자들은 우주왕복선이 퇴역하기 전에 허블 우주 망원경을 한 번만이라도 수리해달라고 필사적으로 요청합니다. 처음에는 NASA도 허블 우주 망원경의 수리 미션을 시도하려고 고심했습니다. 하지만 2004년 1월 16일, 당시 NASA 국장인 션 오키프는 허블 우주 망원경 수리 계획을 백지화시켰습니다. 우주비행사의 안전을 확보할 수 없다는 것이 이유였습니다. 컬럼비아호 폭발 사고 이후 NASA는 우주왕복선에 문제가 생기면 우주비행사들이 대피할 수 있는 방법을 마련해야 했습니다. 일반적인 방법은 우주왕복선에 문제가 생기면 국제 우주 정거장으로 우주비행사를 대피시킨 뒤, 몇 개월 내로 다른 우주왕복선을 발사해 우주비행사를 구조해 오는 것이었습니다. 하지만 허블 우주 망원경은 국제 우주 정거장과 멀리 떨어진 궤도를 돌고 있어서 이 방법은 실행할 수 없었습니다.

허블 우주 망원경을 살리기 위한 천문학자들의 필사적인 '언론 플레이'

전 세계의 천문학자들은 이러한 NASA의 결정을 결코 받아들일 수 없었습니다. NASA의 엔지니어로 근무하고, 여러 차례 허블 우주 망원경의 수리에도 참여한 존 그런스펠드도 마찬가지였습니다. NASA가 결정을 내린 그 순간부터 그런스펠드는 허블 우주 망원경을 살리기 위한 노력을 시작했습니다. 먼저 NASA의 예산 심의를 맡고 있던 바버라 미쿨스키 상원 의원에게 허블 우주 망원경의 수리를 반드시 실시해야 한다는 호소문을 보냈습니다. 다른 여러 의원에게도 호소해 지지 성명을 끌어내는 데 성공했습니다.

다른 천문학자들도 허블 우주 망원경을 살리기 위한 대열에 동참했습니다. 전 세계의 대학교와 커뮤니티는 허블 우주 망원경 살리기 캠페인을 전개했습니다. 또한 허블 우주 망원경의 업적을 널리 알리고 대중이 허블 우주 망원경의 수리를 지지할 수 있도록 언론에 홍보하는, 언론 플레이도 했습니다. 그중 백미는 2004년 3월 19일에 허블울트라딥필드(HUDF)라는 사진을 공개한 것이었

태초의 우주의 모습이 담겨 있는 허블울트라딥필드(HUDF).

습니다. HUDF는 허블 우주 망원경의 최신 관측 결과로, 130억 년 전 우주의 모습, 즉 우주가 태어난 지 고작 7억 년밖에 지나지 않은 시기 원시 은하들의 모습을 담고 있었습니다. 천문학자들은 이 사진을 공개하면서 최고의 망원경을 이대로 보낼 수는 없다고 호소했습니다. 천문학자들의 의도대로, 태초의 우주가 담겨 있는 이 장엄한 사진은 허블 우주 망원경이 인류의 과학사에서 어떤 존재인지 많은 사람에게 확실히 각인시켜주었습니다.

미국의 언론과 국민은 이러한 천문학자들의 언론 플레이에 반응하기 시작했습니다. 「뉴욕 타임즈」와 같은 유명한 매체에서는 허블 우주 망원경을 "갈릴레이 이후 최고의 망원경" "인류 역사에서 가장 중요한 망원경" 등으로 치켜세우며 이대로 퇴역시켜서는 안 된다는 사설을 실었습니다. 미국 국민들도 "Save the Hubble"을 내세우며 허블 우주 망원경을 구하자는 캠페인을 자발적으로 진행했고, 미국 정부도 허블 우주 망원경의 수리를 반드시 진행해야 한다는 청원을 넣었습니다. 시간이 지날수록 허블 우주 망원경의 수리를 지지하는 목소리가 커져갔습니다. 이에 따라 여론을 의식한 미국 의회와 정부도 수리를 지지하기 시작했습니다.

빛을 본 천문학자들의 노력

결국 엄청난 비난에 시달린 오키프 NASA 국장은 사퇴했고, 뒤를 이어 2005년 4월 13일에 허블 엔지니어 출신인 마이클 그리핀이 NASA 국장에 취임합니다. 마이클 그리핀 국장은 취임하자마자 허블 우주 망원경의 수리를 개시하겠다고 결정했습니다. 전 세계의 천문학자들이 허블 우주 망원경을 살리기 위해 진행한 지난 1년간의 노력이 빛을 보는 순간이었습니다.

물론 허블 우주 망원경을 수리하는 우주비행사들의 안전을 어떻게 보장할지는 여전히 해결되지 않은 숙제였습니다. 그러나 허블 우주 망원경의 수리는 미국 국민과 정부의 지지를 받고 있었고, NASA는 결코 이 미션을 다시 취소할 수 없었습니다. 고민에 고민을 거듭한 끝에 NASA는 기상천외한 계획을 세웁니다. 허블 우주 망원경의 수리가 진행되는 동안 우주왕복선에 문제가 생길 것을 대비해 다른 우주왕복선을 항상 발사 준비 상태로 대기시킨 다는 것이었습니다. 우주왕복선 발사를 준비하는 것은 엄청난 돈 이 들어가는 일이었고, 추가로 우주비행사들을 항시 대기시키는 일도 절대 쉽지 않았습니다. 평상시라면 실제 발사가 될지 안 될 지 모르는 우주왕복선에 많은 비용을 투자하는 일은 당연히 어려 웠습니다.

하지만 허블 우주 망원경의 수리를 열망하는 미국 국민의 하나 된 의지는 이러한 모든 일을 가능하게 했습니다. 결국 2009년 5월 11일, 전 국민의 지지를 업고 허블 우주 망원경의 수리라는 막중 한 임무를 띤 우주왕복선 아틀란티스호가 발사되었습니다. STS- 125라는 이 미션은 2009년 5월 24일까지 계속되었습니다. 그동 안 우주왕복선 엔데버호는 혹시 모를 사고를 대비해 케네디 우주 센터에서 계속 발사 준비 상태로 대기하고 있었습니다. 다행히 우 려했던 사고 없이 아틀란티스호는 무사히 귀환했으며, 성공적으 로 허블 우주 망원경을 수리하는 데 성공했습니다.

허블 우주 망원경의 역사는 계속된다

예전의 허블 우주 망원경의 상태는 정말 좋지 못했지만, STS-125

미션 덕분에 허블 우주 망원경은 정상 상태로 복귀할 수 있었습니다. STS-125 미션 이전에는 망원경의 자세 제어 장치, 데이터 전송에 쓰이는 SCI&DH 등 여러 장비가 고장 나거나 수명을 다했고, 망원경의 궤도 유지에 필요한 연료도 부족한 상태였습니다. 심지어 수리를 하지 않으면 길어야 2012년 정도까지만 작동할 것으로 예측되기도 했습니다. 다행히 STS-125 미션을 통해 이러한 문제들은 모두 해결되었고, 2019년인 지금까지도 허블 우주 망원경은 왕성하게 활동하고 있습니다.

STS-125 이후에도 허블 우주 망원경은 엄청난 과학적 업적을 계속해서 이룩하고 있습니다. 2012년에는 우주가 생성된 지 겨우 4.5억 년 이후에 존재하던 은하를 관측했습니다. 그 이전까지 관측한 어떤 은하들보다도 멀고 어린 은하를 관측한 셈이죠. 목성의 위성인 가니메데에도 오로라 현상이 나타난다는 사실을 알아냈고, 가니메데의 지표 아래에 바다가 존재한다는 사실도 밝혀냈습니다. 최근에는 우리 은하의 반지름 길이(12만 9,000광년)와 별의 개수(1조 5,000억 개)를 이전보다 더 정확하게 관측해내는 업적도 이루었습니다. 모두 STS-125 없이는 이뤄낼 수 없는 성과였습니다.

제임스 웹 우주 망원경의 거듭된 실패를 생각하면 더욱 소중한 결과였습니다. 제임스 웹 우주 망원경은 허블 우주 망원경의 후속작으로 2007년에 발사한다는 계획을 가지고 있었습니다. 하지만 계속되는 개발의 어려움으로 발사 계획이 2021년까지 연기된 상태이며, 앞으로도 얼마나 더 연기될지 모릅니다. 현재까지 투입된 예산도 계획 초기 10억 달러의 아홉 배에 달하는 90억 달러에 육

박하며, 얼마나 많은 돈이 더 투자되어야 할지 모르는 상황입니다. NASA가 2004년 허블 우주 망원경의 수리를 자신 있게 취소한 이유 중에는 2007년에 발사할 계획인 제임스 웹 우주 망원경을 믿은 탓도 있습니다. 하지만 결국 제임스 웹 우주 망원경은 발사하지 못하고 있고, 그 바람에 수많은 과학적 업적을 이루지 못할 뻔했습니다.

평범한 사람들의 동경은 천문학자에게 가장 큰 힘이다

많은 사람의 관심이 천문학자들의 연구에 큰 도움이 된 사례는 허블 우주 망원경뿐만이 아닙니다. 미국 국민들이 우주왕복선의 퇴역을 아쉬워한 덕분에 우주왕복선은 두 차례의 중요한 임무를 더 수행할 수 있었습니다. 오바마가 미국 대통령에 당선된 이후 재정 적자로 취소된 NASA의 수많은 우주 탐사 계획들 중 일부분이나마 살려낸 것도 대중의 관심이었습니다. 이렇게 명맥을 이어나간 우주 탐사 계획은 다시 화성 탐사 계획으로 구체화되고 있습니다. 이외에도 대중의 관심이 우주 연구에 큰 힘이 된 사례는 수도 없이 많습니다.

천문학자들은 언제나 돈이라는 현실적인 문제와 싸워야 합니다. 많은 천문학자의 꿈이 이 문제를 넘어서지 못해 빛도 보지 못한 채 사라지고 있습니다. 이 와중에 천문학자들에게 가장 큰 힘이 되는 것은 평범한 사람들이 가지는 미지의 세계에 대한 동경입니다. 이를 최대한 활용하고자 언론 플레이를 할 때도 있습니다. 보통 언론 플레이라는 단어는 부정적인 의미로 해석됩니다. 그러나 인류를 우주의 미스터리로 한 발짝 더 나아갈 수 있게 해주는 천문학자들의 언론 플레이는 조금은 긍정적으로 바라봐줄 수 없을까요?

이이제이:
오랑캐로 오랑캐를 물리친다

건설및환경공학과 18 **나채민**

들어가며

'병 주고 약 준다'는 속담이 있다. 이 속담에는 병은 약으로 치료한다는 생각이 기본적으로 들어 있다. 이런 생각의 배경에는 질병과 약의 상관관계를 당연하게 여기는 고정관념이 깔려 있다. 인류가 등장한 이래로 오랫동안 질병은 끊임없이 우리 주위에 존재했고 시간이 지날수록 진화해나갔다. 질병을 이기기 위해 인류가 찾은 해결책은 '약'이다. 약을 개발해 상기도감염(감기)부터 중증 질환까지 상당한 치료 효과를 얻었다. 이렇게 병을 약으로 치료한다는 생각은 당연한 사실로 여겨졌다.

하지만 이런 생각에서 벗어나 질병을 다른 질병으로 치료해 인류에 기여한 인물이 있다. 바로 정신과 의사로는 최초로 1927년에 노벨상을 받은 율리우스 바그너 폰 야우레크(Julius Wagner Von Jauregg, 1857~1940)다. 야우레크는 정신병 환자에게 말라리아라는 다른 질병을 접종해 의학적으로 통제하기 힘든 정신이상자의 전신 마비(General Paralysis of the Insane, GPI)나 매독(Syphilis)을 치료한 사람이다.

열병이 가진 치료 효과의 발견

야우레크는 1857년에 오스트리아에서 태어나 1874년부터 1880년까지 빈대학교에서 의학을 공부한다. 처음에는 실험병리학을 전공하고 나중에 내과로 전향한다. 하지만 빈 종합병원에 있는 내과 병동에 조수 자리를 얻지 못하고 빈대학교 정신과에서 근무한다. 이 시기에 자신의 연구에서 핵심적인 부분이 된 정신과적 질병에 열(fever)이 치료 효과를 가질 수 있다는 사실에 관심을 갖는다.

야우레크는 자신이 근무하던 병원에서 단독(erysipelas)에 걸린 여성 환자가 심각한 정신질환에서 회복되는 모습을 관찰한다. 단독은 피부에 열을 동반해 붉게 변하게 하는 발진성 열병(exanthemata)의 일종이었는데, 그는 정신병과 열이 인과관계가 있는지, 아니면 우연인지 밝히기 위해 연구를 시작한다. 이 과정에서 고대 히포크라테스부터 문학 서적에 이르기까지 정신병과 열의 관계에 관한 다양한 자료를 접한다.

정신과 의사 중 최초로 노벨상을 받은 야우레크.

　야우레크가 시도한 첫 번째 연구는 정신 질환 환자가 인위적으로 열병에 걸리게 하는 것에 관한 연구였다. 야우레크는 연구를 위해 장티푸스(typhoid fever), 콜레라(cholera), 천연두(smallpox), 발진성 열병(acute exanthemata), 단독과 같은 다양한 '발열성 질병'의 효과에 관한 많은 정보를 조사한다. 이 중 콜레라를 제외한 다른 발열성 질병에서 발생하는 간헐적인 열이 정신병에 꽤 효과를 일으킨 사례들을 발견한다. 전신 마비로 고통을 받는 환자의 치료에 천연두가 효과적이라고 하는 자료도 접한다. 그는 본격적인 연구를 통해 완전히 치료되고 회복이 지속되는 경우부터 일시적으로 회복되거나 전혀 회복되지 않는 경우까지 철저하게 분석하기 시작한다. 더불어 급성 발진성 열병의 작용이 유기체를 강화해 만성 피부 질환을 낮게 하는 것을 보고 이러한 치료법이 정신병뿐만 아니라 신체 질병에도 유익한 효과가 있음을 알게 된다.

병이 약이 되다

야우레크는 1888~1889년에 '단독'에서 만들어진 연쇄상 구균
(streptococci) 배양균을 자신이 직접 일부 환자에게 접종한다. 그
러나 예상치 못한 실험의 실패로 바라는 결과에 접근하지 못하
던 중 연구에서 중요한 역할을 한 투베르쿨린(tuberculin)을 접하
게 된다. 투베르쿨린은 박테리아 감염의 위험 없이 감염 효과를
인공적으로 만들어내는 방법을 제공했다. 처음에는 좋은 결과를
만들어내며 많은 환자를 치료했다. 그런데 투베르쿨린을 사용한
몇 명의 환자가 사망하자 또 한 번 좌절의 위기를 맞는다. 하지
만 부정적인 결과를 딛고 투베르쿨린 투약 방법을 더 철저히 모
색한다. 마비 초기 단계 환자를 선택하고 수은과 요오드가 함유
된 치료제와 투베르쿨린을 혼합해 임상에 적용한 것이다. 결국
1900~1901년에 GPI 환자 중 투베르쿨린을 이용해 치료한 경우
와 그렇지 않은 경우를 비교한 결과, 치료받은 환자에게서 더 많
은 경감이 있었다는 것을 발표했다.
　1910년경에는 최소 여섯 개의 배양균으로 만들어진 다원자 조
합을 사용한 포도상구균(staphylococci)의 죽은 배양균을 이용해 실
험했다. 이 실험에서는 GPI 환자 39명을 치료한 후 23명이 경감
을 보이는 긍정적 결과가 나타났다. 비록 1~2년 뒤에 병이 재발

했지만, 이 실험은 환자에게 몇 가지 열성 질병이 생길 때 치료 효과가 극대화된다는 사실을 발견하는 중요한 계기가 되었다. 또 1848년 초기에 말라리아를 통해 정신병이 호전되고 치료된 사례도 알게 되었다. 이처럼 다양한 조사를 마친 뒤 야우레크는 전염성 질병이 정신병 환자들의 치료를 이끌 수 있다고 확신했다.

1917년, 야우레크는 가장 중요한 실험 결과를 얻는다. 동료 의사에게서 마케도니아 최전방에서 어느 군인이 말라리아에 전염된 채 병원으로 이송되었다는 소식을 듣고 직접 그 환자를 맡는다. 이미 말라리아의 효능을 알고 있는 상황이므로 그 군인의 피를 마비로 힘들어하는 환자에게 접종한다. 이렇게 해서 말라리아에 걸린 GPI 환자의 피를 다시 다른 환자에게 주입한다. 마침내 감염 환자의 혈액을 받은 환자들의 피에서 발열을 일으키는 말라리아 원충(tertian plasmodium)이 현미경으로 확인됐다. 이후에 정신 이상 환자와 전신 마비 환자, 또 기억 손실이 있던 남자 배우를 열병에 걸리게 한 다음 키니네(말라리아 특효약)를 복용시켜 완벽히 치료했다. 여러 어려움 속에서도 말라리아 치료는 계속되어 고통 받던 환자들이 치료 후에 가족과 일터로 돌아갈 수 있었다. 동일한 방법으로 치료받은 GPI 환자 수는 1925년에 1,000명을 넘어섰다. 1926년경에는 야우레크의 말라리아 치료법이 세계 각지의 기관에서 사용되었다.

야우레크는 여기서 그치지 않고 말라리아 치료법과 회귀열 치료법을 비교해 말라리아 치료법이 더 효과적이라는 사실을 증명해 보였다. 회귀열 치료법은 너무 위험해 치료법으로 개발될 가능성이 적었지만, 말라리아 치료법은 훨씬 더 긍정적이었다. 특히 살바르산과 결합하면 더 효율적이라는 사실을 밝혀낸다. 이러한 연구로 야우레크는 1927년에 노벨상을 받고 1940년에 생을 마감한다.

다른 시각, 다른 결과: 지금 우리에게 필요한 것은

"야우레크는 직접 테스트하지 않고 다른 사람들에게 테스트하도록 시켰다. 결과가 편견에 치우치지 않도록 하기 위해서다." 이 말은 야우레크의 90번째 생일날 그를 도와 일했던 조수가 한 말이다.

다양한 연예계 사람들이 복면을 쓰고 노래 경연을 하는 〈복면가왕〉이라는 프로그램이 인기를 끌고 있다. 사회자는 방송이 시작될 때 편견을 벗고 경연 참가자들을 평가해달라고 말한다. 가면을 쓰지 않은 가수의 무대는 노래 자체가 아닌 다른 면(외모, 인지도, 춤 등) 때문에 평가에 객관성을 잃을 때가 많다. 가면을 쓰고 무대에 선 참가자의 실체가 밝혀질 때 예상치 못한 결과가 나오는 것을 보면서 나는 새삼 객관성의 의미와 중요성을 깨달았다. 편견 없는 객관적 시각은 미래에 과학도로 살아갈 내가 갖춰야 하는 가장 기본적인 소양 중 하나다. 야우레크는 어려운 실험을 진행하는 과정에서 좋지 않은 결과가 나올 수 있음에도 두려워하지 않고 오로지 객관적인 결과를 얻고자 다른 사람들이 테스트를 하도록 시켰다. 이처럼 철저한 실험으로 그는 스스로 빠질 수 있는 편견에서 벗어나 새로운 치료법을 세상에 선보일 수 있었다.

야우레크를 비롯한 많은 과학자를 보면 무언가를 성취하기 위해서는 끈기와 세심한 관찰력이 필요하다는 사실을 알 수 있다. 앞서 언급했듯이 야우레크는 여러 번의 실패를 딛고 일어나 자신의 연구를 완성시켰다. 더불어 연구 과정에서 최근 연구 자료에만 초점을 맞추지 않고 '의학의 성인'이라 불리는 고대 그리스 학자 히포크라테스까지 거슬러 올라가 근거 자료를 수집했다. 그의 연구에는 과학 서적뿐만 아니라 자신이 읽은 문학 서적도 한몫했다는 것을 알 수 있다. 야우레크는 오랜 조사와 성실한 노력 덕분에 초기에 발생한 연구의 부작용을 해결하고 이에 따른 피해도 발생하지 않았던 것이다.

마지막으로 나는 야우레크의 세상을 바라보는 시각과 발상의 전환을 가장 높이 사야 한다고 생각한다. 앞서 말했듯이, 병은 약으로 치료해야 한다고 생각하는 사람들 사이에서 야우레크는 질병 치료를 위해 또 다른 질병인 말라리아를 이용했다. 당연하게 여겨지던 것을 뒤집는 발상의 전환은 충격 그 자체였다. 변화가 있어야 발전도 있다는 진리를 우리에게 보여준 것이다. 물론 새로운 방식의 치료로 부작용도 발생했지만, 부작용을 줄이기 위한 노력과 끊임없는 시도로 결국 전에는 치료할 수 없던 질병도 치료할 수 있게 되었다. 창의적인 사고방식을 갖추어야 하는 과학도들이 힘써 배워야 할 점이다.

야우레크의 도전과 연구에 대해 윤리적 논쟁이 제기되었고 지금도 여전히 논쟁의 여지가 있지만, GPI로 수년 안에 목숨을 잃게 되는 환자들에게는 야우레크의 연구가 희망이었다는 사실은 의심할 여지가 없다. 그의 치료법은 비록 50퍼센트의 성공만 이루었고 일부는 죽음을 맞았지만, 수천 명의 환자가 다시 정상적인 삶을 살 수 있도록 도와주었다.

앞서나간다는 것은 단순히 미래를 향해 나아가는 것만을 의미하지 않는다. 야우레크가 현재의 연구 상황에만 초점을 맞추지 않고 과거로 거슬러 올라가 히포크라테스의 관찰부터 차근차근 연구한 것을 상기해야 한다. 즉, 환자들을 치료하기 위한 미래의 기술 개발에는 창의적인 생각, 끈기, 노력만 있어서 되는 것이 아니라 야우레크처럼 과거의 연구와 현재의 연구를 조화시키는 것도 필요하다. 진정한 발전을 위해서는 과거에서 배우고 현재에서 도전하며 미래에서 발전시켜야 한다. '병은 약으로 치료해야 한다'는 당연한 논리를 깨고 새로운 치료법을 개발한 야우레크처럼 우리 앞에 존재하고 있는 당연한 것들을 편견 없는 시각으로 다시 바라봐야 할 때다.

고무에 미친 사람

전산학부 15 **장수진**

고무에 미친 사람, 찰스 굿이어

고무타이어, 고무장화, 고무줄, 고무장갑. 주변에 고무로 만들어진 제품의 이름을 대라면 열 손가락과 열 발가락을 금방 채우고도 남는다. 고무는 우리 생활에 빠지려야 빠질 수 없는 물질이다. 하지만 고무나무에서 추출한 생고무 본연의 상태로는 앞서 나열한 어떤 제품도 만들 수 없다. 고무의 역사를 알려면 우리가 잘 아는 말랑말랑한 고무를 상용화한 발명가이자 '고무에 미친 사람'이라 불렸던 찰스 굿이어(Charles Goodyear, 1800~1860)의 발자취를 따라가야 한다.

　고무가 지금처럼 널리 상용화된 것은 얼마 되지 않았지만 천연고무가 발견된 지는 꽤 오래되었다. 고대 이집트에서는 아카시아 고무의 추출물을 접착제로 사용했다. 아메리카 원주민들은 고무나무에서 얻은 수액을 응고시켜 옷감이나 신발에 발라 방수제로 사용했다. 유럽 사람들이 고무를 접한 것은 콜럼버스가 아메리카대륙에 상륙했을 때였다. 콜럼버스는 아이티섬의 주민들이 파라고무나무의 유액을 발라 탄력성이 큰 공을 사용하는 것을 보았고, 이 유액은 훗날 라텍스로 불렸다. 그러나 당시 고무의 쓰임새는 지우개, 방수, 신발 정도로 제한적이었다. 그도 그럴 것이 생고무는 온도가 올라가면 냄새가 날 뿐만 아니라 녹아버리기 때문이다. 한여름에는 고무 옷을 입은 마차 승객들끼리 달라붙는 웃지 못할 상황도 발생했다.

찰스 굿이어라는 한 미국인의 꺼지지 않는 열정 덕분에 고무의 새로운 쓰임새를 찾았다. 그의 고향인 미국 뉴헤이븐에서는 굿이어를 '고무로 만든 모자를 쓰고, 고무로 만든 바지와 코트를 입고, 고무 신발을 신고, 고무 지갑을 든 미치광이'로 불렀다. 하지만 그는 세간의 평가에 아랑곳하지 않고 고무의 새로운 제조 방법과 개선 방안 연구에 전 재산과 생애를 쏟아부었다.

고무 제품의 발명

높은 열에는 녹아버리고 추위에는 굳어버리는 생고무의 문제점을 해결하기 위해 굿이어는 연구에 몰두했지만 적합한 방안을 좀처럼 찾지 못했다. 첫 번째로 그는 고무의 표면을 매끈하게 만들

고무 제품을 발명한 찰스 굿이어.

기 위해 고무와 마그네슘을 섞어 석회수로 찌는 방법을 개발했
다. 그러나 이는 실용적이지 못해 상용화되지 않았다. 두 번째로
고무의 점착성(끈끈하게 착 달라붙는 성질)을 제거하기 위해 질산에
찌는 방법을 고안했다. 제조법을 활용한 회사를 설립했지만 금융
공황이 닥쳐 파산했다. 세 번째로 황가루를 발라 햇볕에 말리는
품질 개량법의 특허를 사들였다. 황과 햇빛이 고무를 가공하더라
도 들러붙거나 탄력성이 감소하지 않게 만드는 해답이라고 생각
했다. 개량한 고무로 우편 행낭을 만들어 연방 우체국에 납품했
다. 그러나 개량 고무도 여전히 열에 민감한 특성이 남아 있었다.

우편 행낭은 여름의 뜨거운 열기에 노출되자 녹아내려 사용할 수 없게 되었다. 굿이어의 도전은 연이어 실패했다.

1839년 어느 추운 겨울날 굿이어는 우연히 돌파구를 찾았다. 유황이 섞인 천연고무를 작동 중인 난로 위에 놓은 것을 잊어버리고 외출했다. 돌아온 그를 맞이한 것은 까맣게 타다 만 고무였는데 놀랍게도 멀쩡한 모습이었을 뿐만 아니라 마치 가죽과 같은 생김새를 하고 있었다. 생고무보다 배는 단단하고 탄력성이 대단히 좋아졌으며 내구성도 뛰어났다. 고무의 역사에 한 획을 그을 '고무가황법'이 탄생하는 순간이었다.

고무나무에서 채집된 생고무는 탄력성 고분자로 이루어져 있어 힘을 가해 잡아당기면 늘어나고 멈추면 돌아가는 탄성을 지닌다. 여기에 유황을 섞어 열을 가하면 분자 결합이 변한다. 새로운 결합 형태는 유황 분자가 고무 분자들 사이사이에 다리를 걸친 모양새와 같다. 유황 가교 때문에 잡아당겨도 고무 분자가 서로 미끄러지기 어려워져서 탄력이 강해지는 것이다. 이것이 굿이어의 우연한 발견 뒤에 숨은 과학적 배경이다.

굿이어는 고무 산업의 혁신을 이뤘음에도 불구하고 큰 부를 누리지 못했다. 그는 고무를 안정화하는 고무가황법에 만족하지 않고 자신의 발명을 더욱 견고하게 만들기 위한 후속 연구에 재산을 바쳤다. 그뿐만 아니라 특허를 침해한 사람들과 길고 지루한 법정 싸움을 해야 했다. 한평생 연구에만 몰두한 굿이어는 발명품을 어떻게 보호해야 하는지 알지 못하고 잘못된 특허 계약을 맺었던 것이다. 발명한 때로부터 13년이 지나서야 비로소 고무가황법 특허에 완전히 승소했지만 불운은 끝나지 않았다. 그가 발명한 고무 제품의 전시회를 개최했던 영국으로 건너가 고무 제조 공장을 설립하려 했으나 재정난으로 실패한다. 프랑스에 차렸던 가황 고무 생산 회사도 파산했고 기술적 문제와 법적 문제로 두 국가에서 특허권을 잃게 된다. 사업을 확장하려던 굿이어는 오히려 큰 빚을 지며 파산한다. 연이은 불운으로 굿이어는 부(富)는 차치하고 20만 달러의 빚만 남기고 세상을 떠났다.

굿이어가 세상을 뜬 뒤에도 가황고무를 이용한 발명은 이어졌다. 그의 아들인 찰스 굿이어 주니어는 고무를 이용한 자동차 바퀴를 발명했다. 영국 수의사 존 던롭은 고무타이어를 한 단계 업그레이드시켰다. 그는 자전거를 타다가 매번 넘어지는 아들을 도와줄 방법이 없을까 고민하던 차에 아들이 바람 빠진 공에 공기를 넣어달라고 하는 모습을 보며 아이디어를 떠올렸다. 아들의 자전거 고무바퀴에도 공기를 주입해보자는 생각이었다. 이렇게 발명한 자전거 공기 타이어는 대중에게 많은 인기를 얻었다.

존이 설립한 던롭 공기타이어 회사는 자전거 타이어뿐만 아니라 자동차용 공기타이어를 생산하며 큰 성공을 거두었다. 가황고무 덕분에 자전거와 자동차, 비행기 같은 교통수단의 발전이 이루어질 수 있었다. 가황고무는 일상 용품에도 용이하게 사용되었다. 굿이어의 친구 히람 허친슨은 프랑스에 연성 고무 회사를 설립해 고무장화를 판매하기 시작했는데, 당시 대부분 농업에 종사하던 프랑스 국민들에게 불티나게 팔렸다. 지금까지도 고무장화는 농부부터 군인까지 나이와 직업을 가리지 않고 남녀노소에게 사랑을 받고 있다. 굿이어 사후에는 미국의 사업가 프랭크 세이버링이 그의 이름을 따서 타이어 회사 '굿이어'를 설립했다. 회사 '굿이어'는 꾸준히 성장해 세계 타이어 시장 점유율 3위를 자랑하는 기업이 되었으며, 찰스 굿이어는 후대까지 명성을 떨칠 수 있었다.

잊힌 발명가

찰스 굿이어는 자신의 손으로 산업화에 성공하지 못했기 때문에 살아생전 혁신적인 발명에 걸맞은 부와 대우를 받을 수 없었다. 마찬가지로 평생을 바쳐 세상을 바꿀 만한 발명을 했더라도 역사에 이름을 싣지 못했거나 충분한 대가를 받지 못한 발명가가 많다.

안토니오 무치는 그레이엄 벨보다 앞서 전화기를 발명했지만 특허를 등록할 돈이 없어 '최초의 전화기 발명가'로 인정받지 못했다. FM 라디오 수신기를 발명한 에드윈 암스트롱은 기나긴 특허 침해 소송을 거치며 재정적으로, 정신적으로 파산했다. 전자 회사 RCA는 기존 AM 라디오를 지키기 위해 더욱 깨끗한 음질의 FM 라디오의 보급을 막았을 뿐만 아니라 암스트롱의 특허권을 무시하고 자체적으로 FM 수신기를 만들기도 했다. 암스트롱은 특허 소송을 냈지만 대기업을 상대로 한 싸움에서 패소하고 투신자살로 세상을 떠난다.

이처럼 어떤 발명가들은 놀라운 업적을 이뤘으나 사업화의 실패, 경제적 문제, 기업의 비윤리적인 이윤 추구와 같은 벽에 부딪혀 인정받을 수 없었다. 그러나 우리가 누리고 있는 산업 문명의 산물이 '고무에 미친 사람'이라 불린 굿이어를 비롯해 수많은 발명가의 노력이 일궈낸 결과라는 사실은 결코 잊지 말아야 할 것이다.

과학자의 꿈

산업및시스템공학과 18 **박혜수**

꿈, 그 이상한 세계 속에서

꿈은 우리가 만날 수 있는 가장 기묘한 세계다. 상상의 나래를 마음껏 펼칠 수 있는 공간인 꿈은 그 자체로 여러 창작물의 모티브가 되었다. 현실에서 이루지 못한 뜻을 꿈속에서 이루다가 현실로 돌아와서 허망함을 느끼는 이야기 『구운몽』부터, 꿈에서 정보를 얻어 현실 세계에서 사용하는 영화 〈인셉션〉까지 꿈이라는 세계는 지역과 세대를 막론하고 인간의 상상력을 자극했다. 꿈에서 영감을 받아 창작에 이용한 경우도 있다. 폴 매카트니가 꿈에서 들려온 멜로디로 잠에서 깨자마자 바로 「예스터데이」라는 명곡을 만들었다는 이야기는 널리 알려져 있다. 작가 메리 셸리도 꿈을 꾸다가 괴물 옆에 무릎 꿇은 학자의 장면을 보고 『프랑켄슈타인』

을 집필했다고 한다.

작가의 마음대로 창조해낼 수 있는 소설, 음악, 영화는 꿈이라는 신비한 세계와 밀접한 관련이 있는 듯하다. 그런데 이성과 논리로 무장한 과학에서도 꿈이 큰 역할을 했다는 사실을 믿을 수 있겠는가? 낮잠을 자다가 얻은 아이디어로 새로운 구조를 발명했다는 과학자도 있었다. 심지어 어떤 수학자는 문제의 답을 모두 꿈속에서 신이 알려줬다고 했다.

꿈에서는 아무런 장치도 없이 날아다니거나 끝없이 아래로 추락할 수도 있다. 얼핏 생각하면 물리법칙을 완전히 무시하는 곳이나 다름없다. 과학의 기본이 되는 합리적이고 이성적인 사고가 통하는 세계가 아니다. 그런데 어떻게 꿈을 꾸는 것이 위대한 과학적 발견을 이끌 수 있는지 의문이 생긴다. 과연 꿈은 정말 '비과학'적인 세계일까?

케쿨레, 멘델레예프, 그리고 라마누잔의 꿈

과학계에 한 획을 그은 꿈을 꼽자면 단연 케쿨레(Friedrich August Kekulé von Stradonitz, 1829~1896)의 꿈을 말할 수 있다. 바로 벤젠의 구조를 알아낸 꿈이다. 벤젠은 합성수지의 원료로 널리 쓰이는 중요한 물질이다. 벤젠이 처음 발견되었을 때, 당시 과학자들은 벤젠의 화학구조를 밝히려고 연구하기 시작했다. 벤젠 분자가 탄소 여섯 개와 수소 여섯 개로 이루어져 있다는 사실은 알아냈지

벤젠고리의 구조.

만, 이 원자들이 어떻게 서로 연결되어 있는지는 미지수였다. 이를 해결한 과학자가 케쿨레다. 케쿨레는 당시 여러 유기 화합물을 사슬 결합 구조로 설명하는 이론을 펼쳤다. 마치 사슬처럼 많은 유기물이 서로 얽히면서 길게 연결된다는 이론이다. 그러나 벤젠은 이 구조로 설명할 수 없었다.

문제의 해답은 케쿨레의 꿈속에서 나타났다. 연구자이자 교사였던 그는 교과서를 집필하던 도중 깜빡 잠이 들었다. 이때 꿈속에서 어떤 뱀이 빙글빙글 돌아 자신의 꼬리를 무는 장면을 봤다고 한다. 케쿨레는 꿈에서 깨자마자 꼬리를 문 뱀 같은 고리 구조로 벤젠을 설명하려 했고, 이는 놀랍게도 벤젠의 화학식과 딱 들어맞았다. 케쿨레는 꿈 덕분에 벤젠의 구조를 밝혀낸 과학자가 되었다.

현대 화학에 큰 영향을 미친 또 다른 꿈이 있다. 바로 현대의 주기율표와 거의 유사한 주기율표를 제작한 멘델레예프(Dmitrii Ivanovich Mendele'ev, 1834~1907)의 꿈이다. 돌턴의 「원자론」 발표

Reihen	Gruppo I. — R^2O	Gruppo II. — RO	Gruppo III. — R^2O^3	Gruppo IV. RH^4 RO^2	Gruppo V. RH^3 R^2O^5	Gruppo VI. RH^2 RO^3	Gruppo VII. RH R^2O^7	Gruppo VIII. — RO^4
1	H=1							
2	Li=7	Be=9,4	B=11	C=12	N=14	O=16	F=19	
3	Na=23	Mg=24	Al=27,3	Si=28	P=31	S=32	Cl=35,5	
4	K=39	Ca=40	—=44	Ti=48	V=51	Cr=52	Mn=55	Fe=56, Co=59, Ni=59, Cu=63.
5	(Cu=63)	Zn=65	—=68	—=72	As=75	Se=78	Br=80	
6	Rb=85	Sr=87	?Yt=88	Zr=90	Nb=94	Mo=96	—=100	Ru=104, Rh=104, Pd=106, Ag=108.
7	(Ag=108)	Cd=112	In=113	Sn=118	Sb=122	Te=125	J=127	
8	Cs=133	Ba=137	?Di=138	?Ce=140				
9	(—)							
10	—	—	?Er=178	?La=180	Ta=182	W=184		Os=195, Ir=197, Pt=198, Au=199.
11	(Au=199)	Hg=200	Tl=204	Pb=207	Bi=208		—	
12	—	—	—	Th=231	—	U=240		

멘델레예프 당시의 주기율표.

이후 원자량이라는 개념이 처음 알려졌다. 원자량에 따라 원소를 나열할 때 특성이 일치하는 원소들끼리 규칙성을 찾으려는 시도가 계속되었다. 많은 가설이 등장했지만 이들은 모두 한계가 있었다. 이때 멘델레예프는 「원소의 구성 체계에 대한 제안」이라는 논문에서 하나의 표를 제시한다. 우리가 익히 알고 있는 그 주기율표다. 멘델레프의 주기율표는 현재까지 발견된 많은 원소에 들어맞으며 화학뿐만 아니라 물리학에도 많은 영향을 미쳤다. 또 '러시아 화학의 개척자'라는 헌사가 있을 정도로 러시아 화학의 중요한 업적으로 여겨진다. 멘델레예프의 위대한 발견도 다름 아닌 꿈속에서 이루어졌다고 한다. 꿈속에서 원소들이 배열된 모습을 보고 그대로 종이에 옮겨 적었다는 것이다.

인도의 3대 수학자로 불리는 라마누잔(Srinivasa Ramanujan, 1887~1920)도 꿈속에서 문제의 해답을 얻었다. 정규 교육을 받지 않고 독학으로 수학을 공부한 라마누잔은 수백 개의 정리를 정립했다. 이 중 리만 제타 함수를 응용한 정리는 현재까지도 소립자 물리학, 컴퓨터 과학 등 여러 과학 분야에서 이용된다. 라마누잔의 유명한 업적 중에는 파이(π)의 값을 구하는 공식의 발견도 있다. 이 라마누잔 공식은 둘째 항까지만 계산해도 실제 파이와 근접한 값을 얻어낼 수 있어 효율성이 뛰어난 공식이다. 이외에도 많은 정리를 만들어낸 그는 꿈에서 그 정리들을 생각해낸다고 말했다. 꿈속에서 신을 만나 영감을 받고 이를 방정식으로 옮긴다는 것이다.

물론 위의 사례가 모두 진실이 아닐 수도 있다. 라마누잔의 파이 공식은 매우 복잡한데 이를 설령 꿈속에서 알아냈다고 하더라도 깰 때까지 기억하고 있었다는 말은 상식적으로 이해하기 어렵다. 단지 열심히 고민하다가 도출해낸 결과인데 이를 포장해 멋있는 이야기를 만들려고 꿈이라는 소재를 곁들였는지도 모른다. 그러나 위의 과학자들처럼 '해답의 꿈'을 꾸는 사람이 생각보다 많다는 것은 부정할 수 없다. 이를테면 어떤 말을 하려다가 까먹었는데 꿈속에서 그 말이 생각나기도 한다. 이미 진 게임에서 '궁극기(온라인 게임에서 사용하는 필살기를 이르는 말)'를 조금만 일찍 써서 이기는 꿈을 꾸기도 한다. 역사에 길이 이름을 남길 만한 발견은 아니더라도 모두 '해답의 꿈'을 꾼 것이다. 꿈을 꿀 때 뇌에서 도대체 어떤 일이 일어나기에 꿈속에서 새로운 답을 발견해낼 수 있었을까?

우리가 자는 동안 뇌에서는

현재 뇌 과학 연구가 활발해지면서 꿈에 대한 비밀이 밝혀지고 있다. 대부분의 꿈은 렘수면 상태에서 일어난다. 렘수면 상태에 진입하게 만드는 스위치 세포에서는 아세틸콜린이라는 화학물질을 분비한다. 아세틸콜린으로 꿈의 여러 특성을 설명할 수 있다. 이 화학물질이 기억의 연상 작용을 활발하게 만들기 때문에 렘수면 도중의 꿈에서는 서로 관련 없는 기억의 단편들이 연결되어 이야기를 만든다는 가설도 존재한다. 꿈에 등장하는 시간대, 등장인물, 장소도 시시각각 바뀐다. 시간에 따른 인과관계를 생각하는 전전두엽이 렘수면 상태에서 거의 작동하지 않기 때문이다. 논리적 사고는 전전두엽이 시간과 장소에 맞는 기억을 연결하기 때문에 생겨나는 현상이므로 꿈에서 논리적으로 생각하기는 어려워진다. 그뿐만 아니라, 렘수면 상태에서는 이성과 반대되는 감정과 관련된 뇌 부분이 활성화된다고 한다. 깨어 있을 때 느꼈던 감정이 꿈을 지배하는 것이다. 어떠한 경험이 꿈속에서 나타난 경우 그렇지 않은 경우보다 그 경험의 감정 강도가 높다는 연구 결과도 있다.

정리하자면, 기억의 장면들을 무작위로 연결한 것이 꿈이기 때문에 꿈에서는 비논리적인 장면이 연출된다. 또 이성이 아니라 감성이 지배하는 세계인 꿈에서 논리적 사고의 결과물을 도출해내기는 어렵다. 그렇다면 케쿨레나 멘델레예프, 라마누잔의 꿈은 단지 우연일 뿐인가 하는 의문이 생긴다. 꿈이 단편적인 기억을 늘어놓는 일밖에 할 수 없다면 그들은 어떻게 현실에서도 풀지 못한 문제를 꿈속에서 해결했을까?

이는 꿈이 뇌에서 하는 역할과 관련이 있다. 꿈의 작용에 관해서는 아직 많은 이론이 존재한다. 어떤 연구 결과에서는 꿈이 하루 종일 경험한 것을 장기 기억으로 정리하는 과정이라고 주장한다. 실제로 무언가 대량으로 암기해야 할 때 밤을 새서 하기보다는 어느 정도 잠을 청하는 것이 도움이 된다고 생각하는 사람도 있다. 꿈에 나타나는 기억의 선정 기준이 뇌가 판단한 중요도라면 이는 가능한 이야기다. 어쩌면 꿈은 정말로 뇌에서 하루를 요점 정리 하는 과정일 수 있다.

꿈은 일종의 시뮬레이션이라는 이론도 있다. 뇌에 남아 있는 근심과 걱정을 꿈속으로 가져가서 실험해본다는 이론이다. 이상하게도 꼭 시험 기간이 되면 시험에 관련된 악몽을 꾸는 사람들이 많다. 중요한 시험을 망치거나 알람이 울리지 않아 시험을 보지 못하는 꿈을 꾼 경험은 다들 있을 것이다. 프랑스 파리대학의 뇌 과학자 이사벨 아르누프 교수가 719명의 의대생을 대상으로 실시한 설문 조사에서는 3분의 2가 시험 기간에 악몽을 경험했다고 답했다. 시험을 많이 보는 고학년이 될수록, 성적이 우수할수록 더 끔찍한 꿈을 꾸었다고 한다. 따라서 꿈의 역할은 걱정해온 일이 정말로 일어났을 때의 슬픔과 트라우마를 미리 느끼고 대처하는 것이라는 이론도 있다.

정리하자면 꿈속에서 위대한 발견을 한 과학자들이 꿈을 꾸면서 논리적 사고를 거쳐 무언가를 밝혀냈다고 보기는 어렵다. 그런데 이들은 모든 정신을 그 문제에만 몰두하고 있었다. 본인의 연구에 대한 불안감과 걱정처럼 강한 감정 상태가 그들을 꿈에서도 문제를 푸는 상황에 놓이게 할 수도 있다. 낮 동안에는 무의식이 놓친 장면을 꿈에서 포착하게 된 것은 아닐까?

실제로 그들은 모두 자신의 연구 과제를 절대 손에서 놓지 않은 사람들이었다. 케쿨레는 고리 구조의 발견 이전과 이후 모두 유기화학자로서 연구를 거듭해왔다. 멘델레예프가 꿈만 믿고 주기율표를 발표한 것은 당연히 아니다. 증거를 기반으로 자신의 이론에 확신이 있었다. 라마누잔은 평소 수학에 흠뻑 빠져 있었다. 친구가 타고 온 택시 번호를 듣자마자 두 개의 세제곱 수의 합으로 나타내는 두 가지 방법이 있는 최소의 수라고 말한 그의 일화는 유명하다. 그런데 이는 라마누잔이 그 자리에서 바로 생각해낸 것이 아니라 예전에 이미 발견하고는 어딘가에 적어놓은 것이라고 한다. 평소 수에 대해 얼마나 많이 생각하고 있었는지 알 수 있는 사례다.

꿈을 이루려면, 꿈을 꾸자

연구는 가설을 설정한 뒤 이를 증명하는 과정으로 이루어진다. 증명 과정에서는 실험을 통한 귀납법과 같은 과학적인 논리가 필요하다. 그러나 그 가설은 과학자의 영감으로 세워진다. 에디슨은 과학자가 99퍼센트의 노력을 해도 1퍼센트의 영감이 없으면 소용없다고 말했다. 때로는 무모하고 엉뚱한 발상이 과학의 판도를 바꾼다는 점에서 어쩌면 꿈은 과학자가 번뜩이는 생각을 할 수 있는 가장 좋은 세계일지도 모른다.

꿈을 꾸지 말고 꿈을 이루라는 격언이 있다. 잠을 자지 말고 그 시간에 꿈을 이루기 위한 노력을 하라는 말이다. 그러나 밤에 잠을 자고 꿈을 꾸는 것도 노력 못지않게 중요하다. 건강을 위한 당연한 사실이지만, 꿈의 또 다른 기능이 우리에게 큰 도움을 줄 수도 있다. 꿈이 잡다한 기억을 요점 정리해줄 수도 있다. 오늘 하루 충실하게 무언가에 몰두했던 사람이라면 빨리 잠에 드는 편이 좋다. 꿈속에서 해낸 새로운 발견으로 꿈을 더 빨리 이룰 수도 있을 테니까.

별남 속 과학 한 조각

화학과 16 **손미나**

별난 실험 결과, 그리고 별난 과학자

'카이스트 학생들의 과학 실험'이라고 하면, 흔히 실험복을 입고 능숙하게 실험을 해내 멋진 결과를 발견하는 것을 상상하겠지만, 현실은 전혀 그렇지 않다. 대학에 갓 들어온 새내기 때는 물론이고, 4학년이 된 지금도 그런 모습과는 거리가 멀다. 예를 들어, 중력가속도를 측정했는데 $9.8m/s^2$ 대신 $5m/s^2$에 가까운 값이 나와서 내가 어느 새로운 행성에 사는 건 아닌지 고민하게 된다거나, 두 물체를 충돌시켰는데 오히려 전체 운동에너지가 증가해서 새로운 물리 법칙을 발견해버린다거나. 대학에 갓 들어온 많은 새내기를 슬프게 하고, 보고서를 쓸 때 애먹게 하고, 종종 익명 게시판에도 푸념이 올라오곤 하는 실험 오류 이야기.

이렇게 결과가 엉망진창으로 나오는 상황을 잘 알고 있기 때문에 많은 채점 조교들이 오차 자체로는 감점을 주지는 않는다. 오차의 원인을 잘 찾고 데이터를 제대로 분석하기만 했다면 보고서 점수를 잘 준다. 많은 조교들이 안심시켜주지만 이론과 다른 데이터를 마주하는 건 항상 두렵다. 어딘가 크게 잘못된 것만 같은, 불안한 기분. 학년이 올라갈수록 이런 오류들에 점점 익숙해지고, 때로는 한 자릿수 수득률에도 해탈한 웃음을 지을 수 있게 되었지만 그래도 그 결과 값을 처음 마주했을 때 가슴 철렁하는 기분이 드는 건 어쩔 수가 없다.

새내기가 하는 실험의 목적은 사실 이론적 지식을 실제로 확인해보는 것이기 때문에 오차가 큰 문제가 되지 않는다. '이러이러한 이유로 실험 결과가 잘못 나왔음.' 정도로 보고서에 한 줄 적고, 그 오류 값은 버리면 된다. 하지만 연구를 위한 실험이라면 다르다. 새로운 진리를 알아가고자 하는 연구자들은 실수를 최소화하고, 각 실수의 이유를 찾아서 해결해야 한다. 그래서 과학자들은 다양한 해결 방법을 이용한다. 실험을 여러 번 반복해 우연히 발생하는 오차들에 의한 영향을 최소화하고, 실험자를 바꿔 가며 개인의 습관에 따른 오차를 줄이기도 하며, 때로는 더 정확하고 정밀한 기기를 개발해 도구의 한계를 최소화함으로써 더 좋은 결과를 얻기도 한다.

하지만 오차를 완벽히 없애는 건 가능하지 않다. 심지어 기계로 하는 실험도, 동일한 조건에서 동일한 실험을 반복했는데 서로 다른 결과가 나타나기도 한다. 최대한의 노력을 했는데도 오차로 보이는 결과가 나타난다면, 과학자들은 어떻게 할까? 반복실험을 했을 때, 대다수의 데이터와 다르게 나타나는 예외 값들이나, 기존 지식을 크게 벗어나는 결과를 얻는다면 과연 어떻게 해석해야 할까?

과학의 역사에 이런 별종 실험 결과들은 어떤 영향을 미쳤을까? 고등학교 교육과정으로 돌아가보자. 모든 물질을 이루는 기초라고 하는 원자, 그 원자를 표현하는 모형이 어떻게 변화해왔는지를 가르치는 단원이 있다. 맨 처음에는 원자가 쇠공과 같다는 돌턴의 원자설, 이후에는 양전하를 가지는 푸딩과 같은 원자 속에 음전하를 띄는 전자가 박혀 있다는 푸딩 모형, 그 후에는 원자의 중앙에 원자핵이 있고 그 주위를 전자들이 돌고 있다는 태양계 모형, 그리고 양자화학의 가설까지 추가해 만든 보어의 궤도 모형이 나온다. 각 단계에서 다음 단계로 넘어가기까지 매번 중요한 실험들이 있지만, 이번에는 푸딩 모형에서 태양계 모형으로 넘어가는 과정을 살펴보자.

양전하를 띄는 푸딩에 음전하가 콕콕 박혀 있다는 푸딩 이론에서, 어떻게 중앙에 아주 작은 핵이 모여 있고 그 주위를 전자가 돌고 있는 태양계 모형으로 발전할 수 있었을까? 그 힌트를 알려준 실험이 바로 유명한 러더퍼드의 알파입자 산란 실험이다. 알파입자란 양성자 2개와 중성자 2개로 이루어진 입자로, 헬륨 원자핵과 같으며 양전하를 띈다. 러더퍼드는 이 알파입자를 아주 얇은 금박에 쏘아주고, 스크린으로 알파입자를 검출했다. 금속 막에 입자를 쏘아주었다니, 흔히 생각하기로는 전혀 통과하지 못하고 막

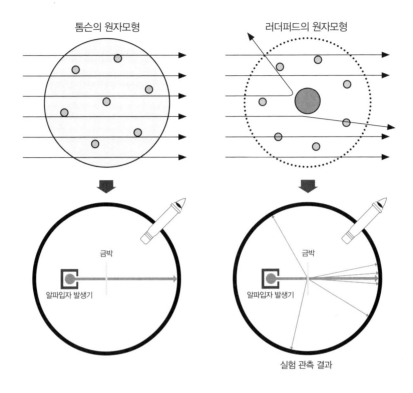

톰슨과 러더퍼드의 원자모형과 알파입자 산란 실험. 가운데의 금박을 향해 쏘인 알파입자의
움직임을 통해 원자핵 구조의 비밀을 밝혀낼 수 있었다.

혔을 것 같은데 과연 결과는 어땠을까?

대부분의 알파입자는 놀랍게도 금박을 통과해, 쏘아준 바로 그
뒤 위치에서 발견되었다. 일부 알파입자는 쏘아준 방향에서 멀어
지는 방향에서 검출되었다. 극히 적은 수의 입자는 쏘아준 것과
거의 반대 방향으로, 아주 큰 각도로 튕겨 나왔다. 이는 매우 놀라
운 결과였다. 보이지도 않는, 양성자 정도 단위의 입자를 금박에
쏘아주었는데 오히려 튕겨 나오다니! 러더퍼드 자신도 이 결과를

'15인치 포탄을 종이 휴지에 쏘았는데 포탄이 튕겨 나와 나를 강타한 것처럼 놀라웠다'라고 표현했다. 하지만 이러한 입자의 수는 많지 않았다. 자료마다 숫자는 약간씩 다르지만, 약 8,000개 중 1개의 알파입자만 이렇게 튕겨 나갔다고 한다.

어떤 실험을 8,000번 반복했는데 7,999번은 A 결과가 나오고 한 번은 B 결과가 나왔다면, 이 B 결과는 무엇을 의미할까? B는 그저 1/8000의 확률로 드문드문 일어나는 실험상의 실수가 아닐까? 단순 오차는 아닐까? 이 물음에 러더퍼드는 위의 결과를 오차로 간주하지 않겠다고, 이 결과 자체가 중요한 의미를 담고 있을 거라고 답했다. 그리고 그 결정 덕분에 원자의 구조에 관해 많은 것을 알아낼 수 있었다.

먼저 다른 실험값부터 살펴보자. 금박을 매우 얇게 폈기 때문에 금박에는 적은 수의 금 원자들이 얇게 펴져 있다고 생각할 수 있고, 그 상황에서 알파입자들이 통과해나갔다는 것은 원자는 꽉 차 있는 게 아니라 빈 공간이 많다는 것을 의미한다. 다음으로, 쏘아준 방향에서 조금 휘어서 멀어지는 방향에서 검출되었다는 것은 원자의 구조 속에 양전하를 띄는 무언가가 존재한다는 뜻이다. 양전하와 양전하는 서로 밀어내기 때문에, 이 무언가 때문에 알파입자가 밀리며 휘어 나가게 된 것이다.

마지막으로 8,000번 중에 한 번 꼴로 튕겨 나간 입자들은 무엇을 의미할까? 러더퍼드는 이 결과를 통해 원자 속에는 양전하가 밀집된, 아주 작고 무거운 구조가 존재한다는 것을 알아냈다. 양전하를 띄는 알파입자를 튕겨냈기 때문에 이 구조물은 똑같이 양전하를 띨 것이다. 또한 원자의 대부분은 빈 공간이었고, 튕겨 나간 입자의 수가 매우 적기 때문에 그 양전하 구조물은 매우 작은 크기일 것이다. 또한 만약 이 구조가 가벼운 구조였다면, 알파입자와 충돌했을 때 알파입자를 튕겨내는 대신 그 구조물이 튕겨 나갔을 것이다.

결과를 모두 알고 있는 지금에야 이렇게 한 문단으로 쉽게 설명할 수 있지만, 이전의 원자모형들만 접해봤을 당시 사람들에게 이 실험 결과는 매우 이해하기 어려웠을 것이다. 사실 지금 생각해봐도 이해하기 쉽지 않다. 어딜 봐도 불투명해 보이는 금박이 사실은 대부분 빈 공간이라거나, 원자라는 것이 사실 가운데 찍혀 있는 점 같은 원자핵과 그 주위에 그보다 더 작은 전자로 이루어져 있다는 이야기를, 그리고 원자핵이 전자보다 수천 배 무겁다는 사실을 누가 상상이나 할 수 있었을까. 시간을 거슬러 과거로 돌아가, 만약 내가 러더퍼드와 동료들의 입장에 놓인다면, 1/8000이라는 확률의 결과를 어떻게 해석했을까? 어쩌면 러더퍼드와는 다르게 단순한 실험상의 오류, 측정 기계의 오차라고 무시해버리지는 않았을까?

어떻게 보면 가볍게 넘어갈 법한 결과였지만 러더퍼드는 그러지 않았다. 그 결정 덕에 러더퍼드는 과학사에 한 획을 그었다. 하지만 러더퍼드에게도 쉬운 질문은 아니었나 보다. 실험 결과를 처음 얻어낸 것이 1909년이었고, 논문으로 출판한 것이 1911년이었으니 해석하는 것에만 2년 정도의 시간이 걸린 셈이다. 하지만 이 멋진 결정으로 러더퍼드는 화학에서 아주 중요한 발견을 해내고 이 공로를 인정받아 노벨상을 타게 된다. 만약 1/8000이라는 아주 작은 확률을 무시하기로 결정했다면, 러더퍼드는 원자의 구조를 알아내지도, 노벨상 수상이라는 크나큰 영예를 얻지도 못했을 것이다.

러더퍼드의 사례 말고도, 명백한 오류 같아 보이는, 말도 안 되는 결과들을 찬찬히 뜯어보아 새로운 지식을 깨닫는 경우가 과학사에 많다. 뜨거운 물이 찬물보다 오히려 빨리 언다는 음펨바 효과도 비슷한 사례다. 뜨거운 물이 찬 물보다 빨리 언다는 이야기를 들으면 누구나 말도 안 된다고 생각할 것이다. 이 신기한 효과를 처음 발견하게 된 계기는 아이스크림 만들기 실험 중에 뜨거운 용액이 오히려 찬 용액보다 빨리 어는 걸 발견한 사건이다. 이 사례는 사실 엄밀하게 통제된 실험 상황도 아니었고, 그냥 단순히 '뭔가 착각했겠지'라고 생각하고 넘어갈 법한 일이었다. 하지만 음펨바는 쉽게 지나치지 않고 그 현상에 관심을 가져 새로운 발견을 할 수 있었다. 별난 실험 결과가 나타났을 때, 가볍게 넘기지 않고 깊이 고민한 과학자들도 참 별난 사람들이었던 셈이다.

세렌디피티, 과연 '우연' 그뿐일까?

과학 실험은 두 가지 방향의 결과를 내놓는다. 첫째는 이미 있는 이론을 정립하고 지지하는 방향의 결과이다. 이러한 결과는 과학자의 마음을 편하게 한다. 예측 범주 안에 있는, 해석 가능한 결과를 받아들게 되면, $5m/s^2$의 중력가속도를 결과 값으로 얻은 것과 같은 큰 당혹감을 느끼지는 않는다. 하지만 그 결과를 바탕으로 새로운 도전을 하거나 색다른 아이디어를 얻어내기는 어려울 것이다. 이와 다른, 두 번째 종류의 결과는 현재까지의 이론으로는 설명하기 힘든 말도 되지 않는 새로운 결과다. 이런 값은 정말로 단순한 실수 때문에 얻어질 수도 있다. 하지만 새로운 세계로 향하는 이정표가 될 수도 있다. 이 두 가지를 구분하는 일은 쉽지 않다. 아무리 살펴봐도 이상한 실험값의 원인을 알아낼 수 없을 때, 그 결과는 '아직 밝혀지지 않은 오류'일까, 아니면 새로운 과학으로 향하는 문의 틈새가 살짝 열려버린 것일까? 좋은 과학자라면 '비정상적'인 결과를 간과하지 않고 잘 해석할 수 있어야 한다. 기회가 주어졌을 때, 오류일 것이라 넘겨짚지 않고 그 결과를 찬찬히 뜯어보며 결과가 들려주는 이야기를 유심히 들어봐야 한다.

세렌디피티(Serendipity)라는 단어가 있다. 흔히 '우연한 발견'이라고 번역되기도 하지만, 그 발견이 정말 우연에 의한 것일 뿐일까? 세렌디피티의 가장 대표적인 예시인 플레밍의 페니실린 발견 일화를 살펴보자. 우연히 방치해놓은 페트리 접시에 푸른곰팡이가 자랐는데, 그 주변의 포도상구균이 모두 죽어 있었다. 플레밍은 그로부터 푸른곰팡이가 만든 어떠한 물질이 항균 효과를 나타낸다는 것을 유추했다. 하지만 여기서 그치지 않았다. 이런 효과를 나타내는 물질을 순수하게 정제하기 위해 노력했고, 그 물질이 토끼와 같은 동물에 어떠한 영향을 주는지 탐구했다. 사람에게 적용할 수 있도록 수많은 연구를 계속한 끝에 마침내 항생제로 상용화하게 되었다. 물론 이 모든 과정에서 수많은 실패가 있었다고 한다. 푸른곰팡이 실험 결과를 처음 발견한 때는 1928년이었지만, 마침내 사람에게 투여한 때는 1941년이었다. 13년이라는 기나긴 시간 동안 끈질기게 연구한 덕분에 드디어 우연한 발견이 빛을 보게 된 것이다. 플레밍의 발견이 위대한 것은, 우연에서 출발한 사소한 관찰을 끊임없이 연구해 사람에게 적용할 수 있을 만큼 발전시켰기 때문이다.

뉴턴의 사과 이야기만 보아도, 사과가 떨어지는 장면을 목격한 사건 자체는 아주 흔한 일이다. 무언가 떨어지는 모습을 본 사람은 인류 역사상 셀 수 없이 많았을 것이다. 하지만 흔한 상황 속에서 통찰력을 가지고 새로운 지식을 알아낸 사람은 뉴턴뿐이다. 뉴턴만이 '물체는 당연히 땅으로 떨어지는 것'이라고 생각하지 않고 그 안에 어떠한 원리가 담겨 있는지 고민해 '만유인력의법칙'이라는 보편적 진리를 발견해냈다.

페이스북의 개발자 마크 주커버그의 말을 빌리자면, "세렌디피티란 마법과 같은 일이고, 마법과 같아 보이는 것은 잘 일어나지 않는 일이기 때문이다. 하지만 사실 그렇게 드문 일은 아니다. 우리가 99퍼센트의 확률로 놓치고 있을 뿐"이다. 수많은 경험을 그저 흘려버리거나 간과하지 않으며, 잘 붙잡아서 새로운 아이디어로 만들어내는 것이 중요하다. 준비된 자에게 행운이 찾아온다고 하지 않는가. 따라서 세렌디피티의 본질은 '우연히 일어난 사건'이 아니라, 스쳐 지나가는 우연 속에서도 새로운 진리를 찾아서 낚아챌 수 있는 과학자들의 날카로운 통찰력이 아닐까.

'좋음'과 '나쁨', 과학은 그 너머에

과학이 얻은 결과를 단순히 '좋은 값'과 '나쁜 값'으로 분류할 수 없다. 주류에 속하는 결과가 아니더라도, 모든 유별난 결과는 의미가 있다. 만약 오류에 의한 결과라면 원인을 찾고 해결해 더 좋은 결과를 얻을 수 있다. 실수에 의한 오류가 아니라면, 현재까지 어떠한 이론으로도 설명할 수 없는 새로운 사례가 나타난다면, 그 결과가 담고 있는 새로운 뜻이 있을 것이고 그것을 바탕으로 새로운 영토를 개척해낼 수 있다.

과학은 한계에 도전하는 일이고, 그 한계를 뚫으려 노력하는 과정에서 새로운 발견이 일어난다. 과학자는 미지의 세계로 향하는 최전선에서 고군분투하는 사람이다. 현재까지 발견된 땅 너머를 탐색해 새로운 영토를 개척하기 위해, 얻을 수 있는 모든 정보를 활용하는 것이다. 그러므로 상식선에서 이해할 수 없는 과학자의 연구라면 '엉뚱하고 이상하다'고 평가하지 말자. 떠오르는 의문을 모두 놓치지 않고 치밀하게 연구하고자 하는, 개척자의 탐구 정신으로 보면 좋지 않을까.

아쉽게도 여태까지 내가 해온 실험이나 연구에서는 단순한 실수만 있었지, 새로운 돌파구를 찾을 만한 특이한 결과는 없었다. 아직 실험에 숙달되도 않고, 실수도 많은 초보 과학자이기 때문이다. 하지만 미래의 과학자가 되고 싶은 입장에서 나도 저런 1/8000 확률의 '예외'를 마주하면 좋겠다. 특이한 결과를 놓치지 않고 끈질기게 탐구해 새로운 지평을 열 수 있도록 말이다.

과학자의 이름 짓기

생명화학공학과 16 **위정수**

사라진 허블의 법칙

빅뱅 이론의 근거가 된 '허블의 법칙'이 최근 '허블-르메트르의 법칙'으로 이름이 바뀌었다. 작년 10월 국제천문연맹에서 진행한 투표의 결과에 따른 결정이다. 기존에는 에드윈 허블(Edwin Hubble, 1889~1953)이 우주가 팽창한다는 사실을 최초로 발견했다는 공적을 인정받았다. 그러나 벨기에의 천문학자이자 가톨릭 성직자인 조르주 르메트르(Georges Lemaître, 1894~1966)가 그보다 2년 앞선 1927년에 먼저 이를 발견했다는 사실이 재조명되었다. 르메트르는 일반 상대성 이론의 해를 통해 우주는 정적일 수 없고 팽창해야 한다는 사실을 입증했고, 도플러 효과를 이용해 은하들의 거리와 속도를 측정해내기까지 했다. 하지만 그는 당시 이름

없는 저널에 이를 발표해 크게 주목 받지 못했다. 대신 2년 뒤 후퇴하는 은하의 거리와 속도 사이의 관계를 보여주는 관찰 결과를 발표한 허블에게 이름을 내주게 된다.

많은 시간이 지난 오늘날 이탈리아의 피에로 벤베누티 박사는 이러한 사연으로 허블의 법칙이라는 이름은 역사적으로 옳지 않다며 문제를 제기했고 개명에 대한 찬반 여부를 두고 투표가 진행되었다. 투표 결과 전체의 78퍼센트가 개명에 찬성하면서 오랜 기간 허블의 법칙이라 불렸던 이론은 이제 허블-르메트르의 법칙이 되었다. 오랫동안 사용한 이름인 만큼 갑작스러운 변화에 반발도 있었지만 더 많은 사람들이 잊힌 과학자인 르메트르에게 존중의 마음을 표시했다. 이쯤에서 과학적 발견에 이름을 붙이는 과정이 궁금해진다. 르메트르처럼 억울하게 피해를 본 과학자들이 우리가 모르는 저편에 많지 않을까? 지금부터 이러한 사례들을 살펴보고 이름을 붙이는 데 공정한 방법이 무엇일지 생각해보겠다.

스티글러의 명명 법칙

과학자에게 과학적 발견에 자신의 이름을 붙이는 것보다 큰 영광은 없을 것이다. 그만큼 시조명(Eponym)을 부여하는 일은 신중하고 공정하게 이루어져야 한다. 하지만 현실에서는 앞서 말한 허블의 법칙 사례처럼 최초의 발견자가 아닌 다른 사람이 이름을 차지하는 경우가 비일비재하다. 가우스분포는 가우스보다 60년 앞선 1733년에 드무아브르가 처음 발표했고, 라플라스가 1812년에 그 결과를 확장해서 발표했다. 플레이 페어 암호는 휘트스톤브리지로 알려진 휘트스톤이 먼저 발명했다. 그러나 이 휘트스톤브리지도 휘트스톤보다 10년 앞서 새뮤얼 헌터 크리스티가 먼저 고안했다는 점도 놓칠 수 없다.

유체역학에서 다양하게 활용되는 레이놀즈수는 스토크스가 먼저 만들었지만 레이놀즈의 이름을 따 명명되었고, 벤다이어그램도 1880년대에 존 벤의 이름을 따서 이름을 지었지만 오일러가 이미 1768년도에 도입했다. 시카고대학의 통계학 교수인 스티글러는 아예 이러한 현상들을 묶어 '어떠한 과학적 발견도 원래 발견자의 이름을 따서 명명된 것은 없다'는 스티글러의 명명 법칙을 만들어내기도 했다. 이름을 붙이는 일이 그 사람의 명성이나 지위와 무관할 수는 없다는 것이다. 하지만 이 스티글러의 명명 법칙마저도 스티글러 스스로는 로버트 K. 머턴에게 공을 돌렸다는 사실이 재미있다.

그렇다면 이러한 현상은 대체 왜 일어나는 것일까? 명성과 지위가 높은 사람의 연구 결과가 눈에 잘 띄고 이름 있는 학술지에 실리기 쉽기 때문이기도 하다. 르메트르의 경우에도 이전까지 본인이 잘 알려져 있지 않은 학자였고 연구 결과를 유명하지 않은 저널에 발표했기 때문에 주목 받기 어려웠다. 하지만 더 근본적으로는 과학에서 최초의 발견보다 이를 실용화시켜 널리 활용되게 하거나 다양한 사례에 적용시키는 것을 더 우선시하기 때문이다. 단순히 한 번의 우연한 발견으로 이름을 붙여주기에는 그 이름의 가치가 너무 크고 역사에서 계속 지속되기 때문이다.

단적인 예로 핼리혜성이라고 이름이 붙은 혜성을 들 수 있다. 핼리혜성은 핼리가 예측한 혜성이 실제로 1759년에 나타나자 그를 기려 이름을 붙이게 되었다. 하지만 혜성이 최초에 관측된 것은 이보다 훨씬 옛날인 기원전 240년경부터다. 혜성은 고대부터 불길한 존재로 취급 받았고 특히 로마인은 그것이 불행을 예고한다고 믿었다. 사람들은 카이사르가 암살됐을 때도 붉은 혜성을 목격했으며, 네로 황제는 혜성이 나타날 때마다 하늘의 분노를 피하기 위해 주변의 신하를 죽였다. 우리나라에서도 신라 시대에 왕이 죽거나 역사적인 사건이 일어날 때마다 혜성이 등장했다는 기록이 있다. 그렇다고 이름 모를 고대 천문학자의 이름을 찾아서 붙여줄 수는 없는 노릇이다. 혜성의 존재는 오랜 과거부터 알려져 있었지만 그것이 태양을 중심으로 공전하고 주기적으로 지구를 지나간다는 사실을 밝혀낸 사람은 핼리였다. 사람들은 핼리의 공적을 기려 혜성에 그의 이름을 붙여주었다. 즉 핼리혜성의 '발견'은 기원전 240년경의 일이지만 이름을 붙일 가치를 부여한 사람은 핼리였다.

다른 사례들도 마찬가지다. 우리에게 널리 알려진 뉴턴의 법칙 가운데 사실 뉴턴이 최초로 발견한 것은 제3법칙밖에 없다. 뉴턴의 제1법칙과 제2법칙은 이전에 갈릴레오, 훅, 하위헌스가 각각 발표한 적이 있다. 실제로 뉴턴의 제1법칙은 갈릴레이의 법칙으로 불리기도 한다. 갈릴레이는 자유낙하 실험을 통해 낙하운동이 등가속도운동이라는 사실을 밝혔고, 낙하 거리는 시간의 제곱에 비례하며 낙하 속도는 시간에 비례한다는 사실을 이끌어내며 역학의 기초를 세웠다. 하지만 그는 원운동이 등속운동이라 착각했고, 물체의 방향을 바꾸는 데도 힘이 필요하다는 사실은 알아내지 못했다. 관성의 개념을 완전히 이해하지 못했던 것이다.

하위헌스는 여기서 더 나아가 물체가 원운동을 할 때 받는 원심력을 표현하는 방정식인 $F=mv^2/r$을 세웠고 원심력과 구심력에 대한 이론을 세웠다. 그리고 무게중심의 초기 위치는 자발적으로 변하지 않는다는 독창적인 응용을 통해 물체의 충돌을 해석했고 완전 탄성체의 운동을 계산했다. 운동은 상대적이며 운동의 속도가 변하려면 힘이 필요하다는 개념에까지 이른 것이다. 하지만 뉴턴은 여기서 한 걸음 더 나아가 이들의 연구를 기반으로 제1법칙인 '관성의법칙'과 제2법칙인 '가속도의법칙'을 발견했고 제3법칙인 '작용반작용의법칙'을 더해 고전역학의 체계를 완성했다. 뉴턴의 법칙이 뉴턴의 법칙이 될 수 있었던 이유다. 단순히 개념을 최초로 고안하기보다 그 개념을 체계적으로 정리하고 사람들에게 실용적으로 활용할 수 있게 만든 공적을 더 가치 있게 평가한 것이다.

다시 허블의 법칙으로 돌아가보자. 투표 결과 허블-르메트르의 법칙으로 부르기로 합의했지만 여전히 반대하는 사람들이 있다. 허블의 업적은 단순히 빅뱅 이론을 주장한 것에서 그치지 않았기 때문이다. 허블은 은하계에서 거리와 속도 사이의 관계인 '허블 상수'를 만들었고 이는 분명히 르메트르의 업적과는 차별화된다. 만약 거리와 속도의 관계에 더 초점을 둔다면 우주의 팽창만 발견했던 르메트르의 이름을 붙이는 것은 부적절하다. 이처럼 과학적 발견에 특정 인물의 이름을 완벽히 공정하게 붙이는 일은 어렵다.

　아예 여러 과학자가 동시다발적으로 동일한 발견을 하는 경우도 있다. 베츠의 법칙은 베츠가 1920년에 발표한 이론이지만 1915년에 영국의 과학자 란체스터가 이미 발표한 내용이고, 심지어 베츠가 발표했던 1920년에도 러시아에서 쥬코프스키가 발표한 이론이다. 우리가 잘 아는 '에너지보존법칙'도 헬름홀츠, 제임스 줄, 로베르트 마이어 등이 비슷한 시기인 1840년대에 발견했다. 이러한 경우 누가 더 공이 크다고 공정하게 판단할 수 있을까? 여러 명을 동시에 지명할 수도 있겠지만 차라리 누구의 이름을 따지 않는 편이 낫다고 할 수도 있다. 헬름홀츠-줄-마이어 법칙이라고 부르기에는 너무 거추장스럽다. 실제로 현대에는 개인적인 연구보다 팀 단위로 진행되는 연구가 많기 때문에 섣불리 발견자의 이름을 따서 붙이기보다는 영어로 된 약어 명칭을 사용하는 것이 더 주류인 경향도 있다고 한다.

계속 아스퍼거 증후군이라 불러도 괜찮을까?

지금까지 다양한 이름을 살펴보았다. 하지만 이름이 과연 올바르게 붙여진 것인지는 다른 방향에서 더 생각해봐야 한다. 아스퍼거 증후군의 사례가 대표적이다. 미국의 정신과 의사 레오 카너는 아스퍼거보다 1년 앞선 1943년에 초기 유아 자폐증에 관한 논문을 발표했다. 당시에 아스퍼거의 논문은 독일어로 되어 있었기 때문에 영어로 된 카너의 논문보다 영향력을 갖기 어려웠다. 그래서 자폐증 분야에서는 카너의 이론이 주류로 받아들여졌고 자폐증은 카너 증후군이라고 불리게 되었다.

카너는 자폐증의 특징으로 1. 말이 없다, 2. 정서적 교감을 갖지 못한다, 3. 사물에 대한 집착이 강하다, 4. 반복적인 행동을 한다, 5. 변화에 대한 저항이 크다, 이 다섯 가지를 내세웠다. 그리고 자폐증 환자는 특정 능력이 매우 발달되어 있다고 인식했는데, 이 때문에 환자가 기억력이 뛰어나거나 매력적으로 생기지 않거나 특징이 없는 경우에는 자폐증이 아니라고 진단하기까지 했다.

하지만 1981년 로나 윙이라는 영국의 아동정신과 의사가 자폐증으로는 진단되지 않지만 사회성, 커뮤니케이션, 상상력 이 세 가지 부문에서 장애를 가진 아이들이 존재한다는 사실에 주목했다. 이들 중 일부는 아스퍼거가 연구한 사례들과 흡사하다며 아스퍼거의 업적을 소개했고, 이 사실이 재평가되어 아스퍼거증후군이라는 새로운 용어를 자폐증과 분리해 호칭하게 되었다.

하지만 이름의 존폐 문제는 또다시 도마 위에 올랐다. 왜냐하면 한스 아스퍼거는 제2차 세계대전 당시 독일 나치 정권에 가담한 부역자였기 때문이다. 그는 정신과 의사였지만 한편으로는 나치의 안락사 정책을 적극적으로 지지해 우생학적 관점에 따라 생존할 가치가 있는 아이와 그렇지 않은 아이를 구분하는 일을 했다. 자신이 진료한 어린이 환자들을 오스트리아 빈의 암슈피겔그

룬트 클리닉에 넘겼고, 1940년부터 1945년까지 800명에 가까운 아이들이 거기서 안락사를 당했다.

아스퍼거 증후군에 관한 연구도 이 활동의 일환이었다. 업적을 쌓기 위해 자폐증 아이들을 더욱 엄격히 분류했고, 이들의 잔인함과 가학적인 특성을 강조하면서 죽음으로 몰아넣었다. 당시에 탄압받던 양심 있는 의사들과 달리 그는 나치에 협조하며 자신의 경력을 쌓아갔고 그 결과 질병에 자신의 이름을 붙일 수 있는 자리까지 올라갈 수 있었다. 수없이 많은 아이들을 살해했는데도 말이다. 심지어 최근에는 아스퍼거 증후군이라는 개념 자체를 질병으로 구분하는 것이 옳은지 의문이 계속 제기되고 있는 실정이다. 기존에 아스퍼거 증후군을 정신 질환으로 분류했던 DSM-4에서는 동성애도 정신 질환으로 취급했다. 오늘날 동성애가 정신 질환이 아니라고 개정되었듯이, 아스퍼거 증후군도 치료해야 할 장애가 아닌 단순한 차이로 보고 있다.

이름과 미래

빈 의과대학교의 헤르비히 체크 교수는 아스퍼거 증후군에 관련된 논란에 대해 "이제는 시조를 개인의 대단한 명예와 동일시하는 관행과 작별할 때가 됐다고 생각한다. 시조란 누군가를 역사적으로 인정한다는 뜻일 뿐이다 그중에는 별의별 사람들이 다 있으며 때로는 문제를 일으키거나 사회적 혼란을 야기할 만한 소지가 있는 사람들도 있을 수 있다"라고 의견을 밝혔다. 나쁘고 어두운 과거일지라도 역사는 역사라는 것이다. 어두운 역사가 얽혀 있더라도 그것을 있는 그대로 기록해야 후대의 사람들이 기억하고 교훈을 얻을 수 있다. 하버의 경우도 하버-보슈법을 개발한 화학자로 유명하지만 한편으로는 독가스를 만들어 제1차 세계대전 때 수없이 많은 사람의 목숨을 앗아간 인물로도 알려져 있다. 만약 전범이라는 이유로 이름을 기록하지 않고 지웠다면 그가 저지른 참사와 전쟁의 희생자도 쉽게 잊혔을 것이다.

과학 이론이나 과학적 발견에 이름을 부여하는 것은 해당 과학자에게 더없이 큰 영광이다. 그만큼 이름을 얻기 위해 뒤편에서는 과학적 증거를 둘러싼 갈등이 벌어지기도 하고 권력과 명예를 이용한 조작과 부조리가 발생하기도 한다. 그러나 시조명은 크나큰 명예인 동시에 역사적 기록이기도 하다. 항상 공정하고 올바른 판단을 통해 이루어져야 한다. 허블-르메트르 법칙의 사례는 그래서 더 가치 있는 역사의 한 걸음이라고 생각한다. 논란이 될 수 있는 부분이 있다면 후대에라도 충분한 논의를 거쳐 합의해나가는 과정이 필요하다. 무거운 가치를 지닌 이름인 만큼 더욱 신중하고 공정하게 결정해야 할 것이다.

내가 정한 과학

생명화학공학과 16 **이규하**

'과학'의 시작은 어디서부터

초등학교와 중학교 시절 아버지를 따라 골프 연습장에 다녀올 때면 궁금증을 가득 안고 돌아왔다. 왜 골프공을 때릴 때는 축구공을 찰 때와 달리 도움닫기 없이 경직된 자세에서 스윙을 하는지, 왜 골프공은 곰보 모양이고 클럽 헤드는 각각 다르게 생겼는지 등이 궁금했다. 어린 시절의 지식수준으로는 바로 궁금증을 해소하지 못했던 골프 자세와 공의 모양에 관해 간단한 실험을 진행해보았다.

골프 전문가들은 드라이브 샷을 준비할 때 다음과 같은 조건을 갖춰야 한다고 입을 모은다. 두 발을 제자리에 놓고 똑바른 자세로 서서 앞쪽 팔꿈치를 고정시키고 올바른 그립으로 채를 잡아야 한다. 그렇게 해야 긴 드라이브 거리로 전환이 가능한 균형잡힌 스윙이 만들어진다고 강조한다. 정말 그럴까? 미국의 한 인기 코미디 영화 〈해피 길모어(Happy Gilmore)〉에서는 아이스하키 선수가 등장해 골프를 배우면서 아이스하키 기술을 그대로 적용해 웃음을 자아냈다. 제자리에 서 있지 않고 달려와서 드라이브 샷을 한 것이다. 과연 성공했을까?

손은 머리보다 빠르다

문제를 해결하기 위해 친구들을 불러 모아 야구공과 축구공, 골프공을 준비했다. 도움닫기 드라이브 샷이 과연 가능한지 알아보았다. 이때 거리와 정확성이 생명인 골프의 본질에 유의해 실험을 설계했다. 두 마리 토끼를 잡는 방법을 손쉽게 찾았다면 최선이었을 것이다. 하지만 실제로 채를 휘둘러보는 수밖에 없었다. 작은 체구로 직접 채를 휘두르는 건 불가능했기에 각각의 공을 발로 차보는 것으로 대체했다.

공의 종류를 바꾸어가며 여러 차례 슈팅을 진행해보았지만 결과는 도움닫기를 함께한 경우 비거리가 훨씬 좋게 나왔다. 골프라는 스포츠의 특성상 정확도가 거리 못지않게 중요하기에 제자리에 서서 도움닫기 없이 스윙을 하는 것이라는 결론을 내렸다. 초등학생 수준에서도 당연히 유추할 수 있는 결과다. 지금 생각해보면 과연 달려와 공을 차는 것과 가만히 서서 디딤 발을 고정한 채

공을 차는 방식이 효과적인 실험 방법이었는지 의문도 든다. 어쩌면 원하는 결과를 얻기 위해 의도적으로 당연한 결과를 내도록 설계한 것이 아닐까 싶다. 하지만 처음으로 스스로 설계한 실험을 진행하면서 과학이라는 학문에 흥미를 붙이게 되었다. 중학교에 올라가 뉴턴의 제2법칙을 배우며 그 이유를 자세히 알게 되었을 때 어릴 적 기억이 떠올라 뿌듯했다.

골프 경기의 기본 원칙은 단순하다. 18개 홀에 공을 넣는 동안 누가 가장 적은 타수를 기록하는지 겨룬다. 타수가 적을수록 우월하다. 410미터 긴 홀에서 티에 올랐다면 첫 샷을 가능한 한 멀리 보내야 유리하다. 그렇다면, 울퉁불퉁 곰보 모양의 골프공이 이와는 어떤 연관성이 있을까? 움푹 팬 자국으로 온통 덮여 있던 골프공은 아버지뿐만 아니라 다른 아저씨의 공도 죄다 마찬가지였다.

골프공에 처음부터 그런 자국이 있지는 않았다. 오래전에는 표면이 매끈했다고 한다. 그러다가 흠집이나 홈이 팬 공이 더 멀리 날아간다는 사실이 알려졌고 선수들은 저마다 공에 흠집을 내기 시작했다. 그렇게 하면 분명히 비거리가 늘어날 거라 생각했는데, 흠집이 일정치 않은 경우에는 오히려 엉뚱한 방향으로 날아가는 맹점이 있었다. 결국 골프공 디자이너들이 공 전체에 움푹 팬 자국을 만들어 넣었다. 공 하나당 규칙적으로 배열된 홈이 보통 336개가 있다. 이 홈은 어떤 도움을 줄까? 이러한 궁금증도 간단한 실험으로 직접 확인해볼 수 있었다.

당시에는 이유는 모르겠지만 골프공에 홈을 만드는 것이 공기 저항과 밀접하게 관련 있을 거라 확신했다. 어쩌면 결과로 이어져

곰보 모양을 가진 골프공.

아름다운 원인 분석이 되게 하려는 큰 그림이었는지도 모른다. 이
유야 어찌 되었든 공기저항에 따른 비행 속도를 비교하는 실험을
디자인하려 했고, 쓰레기봉투를 활용해 낙하산을 만들어보았다.
쓰레기봉투는 우산 모양 구조(천)를 담당했고, 일정한 간격의 구
멍을 뚫어 일정한 길이의 끈을 연결한 뒤 매듭에 빨래집게를 부
착해 낙하산을 완성했다. 다만 쓰레기봉투의 크기를 달리해 세 가
지의 낙하산을 제작했는데, 이를 같은 높이에서 동시에 떨어뜨리
는 실험을 반복했다. 결과는 너무나도(?) 당연하게 크기가 큰 쓰
레기봉투를 단 낙하산이 더 늦게 떨어졌다. 앞서 말한 아름다운
원인 분석이 가능해졌고 미리 세워놓은 가설에 따라 어렵지 않게
원인을 유추할 수 있었다.

지금 비슷한 궁금증을 가진 누군가가 나에게 질문을 한다면 "공 표면의 홈은 비행 시 저항을 줄여주기에 유리한 구조다" "그렇기에 꼭 필요하다"라고만 대답하진 않을 것이다. "딤플이라고 부르는 홈은 공을 공중에 띄우는 힘인 양력을 크게 만들어주고 탄도와 비거리 측면에서 큰 장점이 있다" "딤플은 공 표면에 난 기류를 발생시켜 공기의 저항을 줄여준다" "딤플의 개수보다는 모양이 중요하다. 왜냐하면 표면을 커버하는 양이 많을수록 공기 저항이 감소하기 때문이다"라는 더 전문적이며 과학적인 지식을 배웠기 때문이다. 지금에야 드는 생각이지만 책상에 앉아 칠판에 적혀 있는 공식을 통해 내용을 배우는 것보다 내 손으로 직접 쓰레기봉투를 잘라가며 실험을 했던 것이 더 강렬하고도 행복한 기억으로 남아 있다. 더 새롭고 많은 것을 알게 되어 기뻤던 게 아니다. 검증된 방법론을 적용한, 어쩌면 황당하고 유치한 실험을 처음부터 끝까지 스스로 진행해보면서 과학이라는 학문의 본질을 깊이 깨닫게 되어 기뻤던 것이다.

'괴짜' 과학? '진짜' 과학!

비슷한 맥락에서 다른 이야기를 해보려 한다. 『괴짜 과학자들의 엉뚱한 실험들』이라는 독특한 제목에 매료되어 읽었던 책이 있다. 책에서는 말 그대로 엉뚱한 주제를 설정해 실험을 진행한 과학자들의 이야기가 소개된다. 「천국과 지옥 중에서 어디가 더 뜨거울까?」「죽음의 속도를 측정할 수 있을까?」「챔피언의 골프채를 사용하면 골프 실력이 향상될까?」「밸런타인데이에는 왜 아기가 더 많이 태어날까?」「정치가들을 제비뽑기로 뽑으면 더 효과적일까?」「사회적 지위가 높은 사람은 왜 자기 키를 실제보다 더 크게 인식할까?」 등등 글 제목만 읽어도 연구(?) 주제 설정 경위와 이를 확인하는 방법이 궁금해졌다. 책에서 과학자들은 궁금증을 풀기 위해 인간에게 고양이 사료를 먹이고, 거북이에게 하품하는 법을 가르치며, 외양간 천장을 기어가는 파리의 숫자를 밤새도록 셌다. 실험 대상 지원자를 찾지 못하면 스스로 피험자가 되어 결혼하고 일 년 동안 일주일에 한 번씩 결혼반지의 무게를 재고, 황달 환자의 분비물을 먹었다. 무거운 물체로 자기 고환을 짓누르는가 하면, 심지어 자기 목에 밧줄을 걸고 매달려 죽음 직전의 상태를 체험하기도 했다.

얼핏 우스개처럼 보이는 이런 주제들을 과학적으로 실험하고 학술지에 논문을 발표하는 괴짜(사실 괴짜라고 표현하기에는 너무나 뛰어난 실력을 지닌 명망 높은 과학자들도 많았다) 과학자들이 왜 그랬을지 고민해보았다. 이런 황당한 주제를 가지고 엄격한 실험 절차를 따르면서 심지어 자기 몸을 훼손할 수도 있는 모험까지 감수한 이유 말이다. 결론은 하나였다. 인간의 더 나은 삶을 바라는 과학 정신과 함께 과학에 대한 순수한 열정 때문이었다. 수많은 과학자의 열정이 있었기에 지금까지 과학이 발전해왔고 더 살기 좋은 세상이 된 것일지도 모른다.

나의 유년 시절과 황당한 실험을 하는 괴짜 과학자들을 엮는 것은 어쩌면 무리일 수도 있다. 하지만 이 둘을 통해 말하고자 하는 결론은 아무리 전문적이지 못하고 어리석어 보여도 구상한 것을 실제로 행하는 데 '과학'의 본질이 숨어 있다는 점이다. 해마다 가장 기발한 연구를 진행한 과학자에게 수여하는 '이그노벨상'만 보아도 그 중요함을 깨닫게 된다. 미국 하버드대학교의 유머 과학 잡지인 「기발한 연구 연감(Annals of Improbable Research)」이 과학에 대한 관심을 불러일으키기 위해 1991년 제정한 이 상은 희극적인 인상 때문에 사람들이 후보로 지목되기를 두려워하던 시절도 있다. 하지만 이 상의 유머가 마침내 제 힘을 발휘하고 있으며, 이제는 행운의 수상자들이 기꺼이 무대에 올라 환호를 받는다. 시상 분야도 생물학, 의학, 물리학, 평화, 경제학 등 총 10여 가지에 이른다.

2018년에는 '부두 인형을 찌르면 스트레스가 풀릴까?'를 주제로 한 연구팀이 경제학상을, '인육의 영양가는 어느 정도인가?'를 주제로 한 연구팀이 영양학상을 받았다. 작년의 수상작은 아니지만 가장 기억에 남는 연구는 2012년 신경과학상을 수상한 실험이다. 미국의 연구팀이 진행한 죽은 연어의 뇌 기능 자기공명영상이 연구 과제였다. 여기서 자기공명영상이란 대상이 어떤 작업을 수행하는 동안 뇌 속의 혈류 변화를 측정해 뇌의 어느 영역이 자극을 받았는지 확인하는 검사다. 당연히 이 검사는 죽은 물고기보다 살아 있는 생물에게 적합하지만 걸림돌이 되지는 않았다. 실험자들은 연어에게 사람 얼굴이 나온 사진을 여러 장 보여주고 나서 뇌파 활동 변화를 분석했다. 이를 통해 내린 결론은 다음과 같다.

현대 과학 연구의 표준 실험 기술은 자기공명영상 기술이 진짜 뇌파와 가짜 뇌파를 구분하지 못하는 것이 아니라면, 어쩌면 생물학 전체까지는 아니더라도 어류학에 혁명을 일으킬 만한 증거를 발견했다는 것이다. 앞서 소개한 예시들을 처음 접했을 때는 누구나 웃음부터 터뜨리게 된다. 하지만 조금 시간이 지나면 그 주제를 가지고 생각에 잠기게 된다. 겉보기에 우스꽝스럽고 기상천외한 실험일지라도 그 바탕에는 과학 발전을 향한 깊은 열정이 자리 잡고 있기 때문이다.

'의미'는 정하기 나름

나는 아직도 친구들과 공을 준비하고 혼자 앉아 쓰레기봉투를 오리던 때를 잊지 못한다. 이미 말했지만 뛰어난 결과를 확인하거나 새로운 사실을 알게 되어서가 아니라, 내가 제시한 궁금증을 과학적으로 해석할 수 있는 순간의 통쾌함 때문이다. 엉뚱한 주제를 바탕으로 실험한 과학자들도 마찬가지였을 것이다. 과학적 해석이 이미 알려진 사실이라면 무언가를 증명해냈다는 사실에, 혹은 알려지지 않은 새로운 것이라면 진리를 밝혀냈다는 사실에 기뻤을 것이다.

'과학'의 사전적 정의는 다음과 같다. 자연을 체계적으로 이해하기 위해 자연 속에 숨어 있는 규칙을 찾아내거나 자연현상을 설명하는 원리를 알아내는 과정, 또는 보편적인 진리나 법칙의 발견을 목적으로 한 체계적인 지식이다. 그러나 이는 편의를 위해 사람이 만들어낸 단어일 뿐이다. 과학의 본질과 형체는 두 글자로 이뤄진 단어 이상의 커다란 의미를 담고 있을지 모른다. 어쩌면 누구도 과학을 제대로 설명하지 못할 수도 있다. 앞으로 배워가야 할 과학은 지금껏 배워왔던 것에 비해 훨씬 크고 넓을 것이다. 하지만 전과 달리 한 가지 확신할 수 있는 점이 있다. 진정한 의미의 과학이 무엇인지 알았고 과학을 통한 즐거움을 얻는 방법을 터득했다는 것이다. 엉뚱할 수 있지만 창의적인 것, 단순할 수 있지만 기초가 되기에 제일 중요한 것을 간과하지 않을 때 진정한 의미의 '과학'을 하게 된다. 앞으로 과학도로서 어떤 '공부'를 해야 할지는 확실히 알지 못해도 어떤 '방식'으로 해야 할지는 확실히 깨닫게 되었다.

제4부

과학으로 팩트 체크

영화 <인터스텔라>에 들어간 조미료들

전기및전자공학부 17 **윤훈찬**

영화 <인터스텔라>의 간단한 줄거리

2014년 개봉한 크리스토퍼 놀란 감독의 〈인터스텔라(Interstellar)〉라는 영화는 제87회 아카데미 시상식에서 시각효과상을 수상한 아주 유명한 작품이다. 영화의 배경을 설명하자면 점점 황폐해져 가는 지구를 대체할 인류의 터전을 찾기 위해 새롭게 발견된 웜홀(wormhole)을 통해 항성 간(Interstellar) 우주여행을 떠나는 탐험가의 모험이 연대기 순으로 그려지고 있다. 이 영화의 대본은 물리학자 킵 손의 조언을 통해 집필이 이루어졌을 만큼 비교적 과학적인 영화로 손꼽히지만, 영화라는 특성상 관객의 몰입을 위한 연출 요소를 배제할 수는 없다. 여기서 나는 영화 〈인터스텔라〉에서 찾아볼 수 있는 비과학적이며 연출을 위한 요소들, 구체적으로는 '중력'에 관해 영화가 가지고 있는 과학적 오류를 분석해보고 자 한다.

본격적인 전개에 앞서 〈인터스텔라〉의 줄거리를 간단히 살펴 보자. 2040년 토성 근처 웜홀의 출현은 지구의 중력 이상을 야기 한다. 중력의 이상 현상 때문에 지구는 악화되는 기상 환경과 병 충해로 식량 부족을 겪는다. 대부분의 사람들은 농업에 종사하게 되고, 아이들에게도 농업이 권장되고 있는 상황이다. 심지어 학교 에서는 인류의 달 탐사를 거짓이라고 가르치기도 하는데, 이는 아 이들이 농업에 집중할 수 있도록 환상을 없애기 위한 조치다. 시 도 때도 없이 모래 폭풍이 불어 사람들은 공포에 떨고 있다.

그러던 어느 날, 전직 우주비행사 쿠퍼(매튜 맥커너히 분)는 집에 들이닥친 모래 폭풍에 의해 쌓인 모래가 특정한 패턴을 가지고 있다는 사실을 발견한다. 모래의 패턴을 통해 특정한 좌표를 얻게 되는데, 그곳에는 NASA의 기지가 있었다. 쿠퍼는 지구의 위태로 운 상황에 대한 NASA의 대안을 듣게 된다. 나사에서는 두 가지 대안, 플랜 A와 플랜 B를 제시했다. 플랜 A는 중력 방정식을 푸 는 것인데, 이를 풀면 인류는 중력을 제어할 수 있는 방법을 알게 되고 새로운 행성으로 쉽게 이주할 수 있다. 구체적으로 설명하자 면, 현재 지구에서 다른 행성으로 많은 것을 옮기려면 막대한 비 용이 든다. 지구의 중력을 극복하며 날아가야 하기 때문이다. 하 지만 중력을 제어할 수 있게 된다면 적은 비용으로도 이주가 가 능하다. 안타깝게도 중력 방정식을 풀 가능성이 없는 상황이다.

플랜 B는 중력 방정식을 풀지 못할 경우 수정란 500여 개를 가지고 새로운 행성에서 인류를 재건하는 계획이다. 이렇게 되면 지구의 모든 사람들은 죽게 된다. NASA에서는 우선 인류가 살 수 있는 행성을 모색해야 하기 때문에 행성들을 탐사할 사람이 필요했다. 쿠퍼는 숙련된 파일럿이라 NASA에서는 그가 탐사선의 조종을 맡기를 원했다. 집에 돌아온 쿠퍼는 딸 머피(제시카 차스테인 분)에게 가지 말라는 말을 듣게 된다. 머피는 그녀의 방에서 중력 이상으로 책장에서 떨어지는 책의 패턴을 통해 'STAY'라는 신호를 모스 부호로 받았다고 설명한다. 이를 쿠퍼에게 알려 지구를 위한 우주여행을 떠나는 것을 막으려 하지만 실패한다.

쿠퍼는 우주탐사를 떠나게 되고 앞서 수백 개의 행성에 파견된 선배 탐험가들로부터 일곱 군데만 가능성이 있다는 연락을 받는다. 쿠퍼 일행은 일곱 개의 행성에 착륙해 실제 가능성을 확인하는 임무를 받게 되는데, 탐험 도중 연료를 아끼기 위해 블랙홀이나 다른 천체들의 중력을 활용해 비행하는 스윙 바이 항법을 이용한다. 하지만 모든 탐사를 완료하려면 희생이 필요했다. 이에 따라 쿠퍼는 다른 비행사들을 위해 스스로 블랙홀 안으로 빨려 들어가다가 기적적으로 외계인들이 만든 테서랙트 안으로 들어가게 된다. 테서랙트 안에서 쿠퍼는 신기한 광경을 목격한다. 자신이 지구를 떠나기 전 딸 머피의 책장 뒤에 있는 모습이다. 그는 지구를 떠나온 걸 후회하면서 머피에게 책을 떨어뜨림으로써 'STAY'라는 모스 부호를 보낸다. 신기하게도 이는 쿠퍼가 지구를 떠나기 전, 우주비행을 말리던 머피가 경험한 일과 동일한 사건이었다. 또 쿠퍼는 테서랙트 안에서 알 수 있었던 중력 방정식의 해답을 머피에게 전송한다. 중력 방정식의 해답을 전송받은 머피는 지구의 이주에 성공하고, 쿠퍼는 우연히 새로운 이주 행성 주변에서 극적으로 구출된다.

마지막으로 나이 든 머피와 쿠퍼의 재회 장면으로 영화는 막을 내린다. 강한 중력에 노출되면 상대적으로 시간이 느리게 가기 때문에 이런 장면이 연출된 것이다. 머피는 가만히 있었을 뿐이지만, 쿠퍼는 블랙홀이나 중성자별 등 강한 중력에 노출되어 시간이 느리게 갔다.

왜 블랙홀 대신 중성자별인가?

우선 영화 속에 나오는 두 가지 상황을 생각해보며, 각각의 상황에 대한 연출 요소들을 분석하고 감독이 왜 이런 식으로 영화를 제작했는지 이유를 추정해보고자 한다. 첫 번째는 쿠퍼 일행이 우주선을 타고 탐사하는 도중 밀러의 행성을 지날 때의 상황이고, 두 번째는 영화의 끝부분에서 쿠퍼가 테서랙트 안에 들어갔을 때의 상황이다.

먼저 밀러의 행성을 지나갈 때의 상황을 보자. 밀러의 행성으로 가려면 우주선의 연료를 아끼기 위해 블랙홀의 중력을 이용해 항해해야 한다. 그럼 이제 우주에서 큰 블랙홀인 가르강튀아(Gargantua)의 중력으로 밀러의 행성 궤도로 우주선 레인저호가 끌어당겨지는 상황을 생각해보자. 우주선의 속력은 가속도에 따라 시간이 지나면서 점점 빨라진다. 중력의 크기는 블랙홀과의 거리의 제곱에 반비례하기 때문에 시간에 따라 가속도는 더 커지고 속력은 훨씬 더 빠르게 증가할 것이다. 아래의 그림은 현재 우주선이 위치해 있는 궤도와 밀러 행성의 궤도, 그리고 우주선이 항해해나가야 할 궤도를 의미한다. 그림의 아래쪽을 보면 가르강튀아가 위치해 있고 그에 따라 우주선에 중력이 작용하여 아래로 끌어당겨진다. 하지만 밀러 행성과의 랑데부를 위해, 즉 밀러 행성에 착륙하려면 속력을 낮춰야 하는데, 그러려면 가속의 원인이 되는 가속도와는 방향이 반대인 추가적인 가속도가 필요하다. 아래 그림에서 볼 수 있듯이 이것은 작은 블랙홀에 의해서 가능하다. 사실 꼭 작은 블랙홀일 필요는 없고 강한 중력을 만들어낼 수 있는 수단이 필요하다는 점이 중요하다.

그럼 이제 강한 중력을 발생시킬 수 있는 수단을 생각해보자.

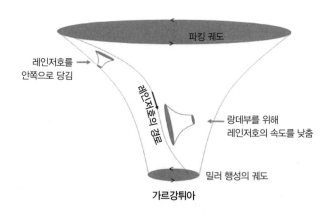

레인저호의 이동경로.

우주에서 질량이 큰 것으로 알려진 천체는 중성자별과 블랙홀이다. 다음 그래프에서 알 수 있듯이, 중력은 중성자별과 블랙홀의 두 경우 모두 거리가 가까워질수록 지수적으로 증가하는 경향을 보인다. 그러면 중력을 연출하는 요소에 중성자별이나 블랙홀 중 아무거나 써도 된다고 생각할 수도 있지만, 현실적으로는 불가능하다. 바로 기조력이라는 힘 때문이다.

기조력이란 무엇일까? 사실 기조력의 의미는 단순하다. 우주선의 크기가 매우 크다고 생각해보자. 그러면 같은 우주선에서도 블랙홀이나 중성자별과 가까운 쪽이 있을 것이고 먼 쪽이 있을 것이다. 즉, 우주선 안에서도 중력의 차이가 발생한다. 앞서 말했듯이 중력은 거리의 제곱에 반비례하므로 둘 사이에는 분명히 힘의 차이가 생긴다. 우주선의 앞부분을 당기는 힘의 세기와 뒷부분을 당기는 힘의 세기가 다르다면 우주선은 어떻게 될까? 정답은 비극적이다. 우주선은 기조력을 버티지 못하고 찢어진다. 이렇게 되면 밀러의 행성에 도착하지 못하는 것은 물론이고 쿠퍼 일행은 현실 세계와 영영 작별해야 한다. 즉, 현실성에 기초하면 중력을 만들어내는 수단 중 최대한 기조력이 작은 쪽을 택해야 하는 것이다.

그렇다면 다음 그래프에서 기조력의 세기는 어떻게 비교할 수 있을까? 그래프의 가로축 스케일에 비해 우주선의 길이는 거의 점으로 근사시킬 수 있을 만큼 짧다. 즉, 중력의 변화가 가장 적은 경우를 선택하면 된다. 중력의 변화를 따져보려면 그래프의 기울기를 보면 된다. 기울기가 작을수록 기조력의 세기가 작기 때문이

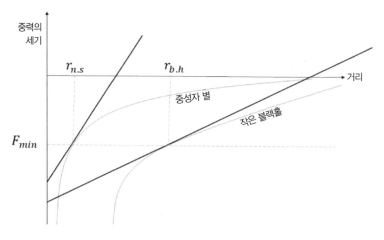

중력의 세기와 기조력(∝기울기).

다. 그래서 나는 같은 중력을 행사할 때 그 부분에서 그래프의 접
선의 기울기가 더 작은 경우를 선택했다. 정답은 블랙홀이었다.
블랙홀이 중성자별보다 더 적합하다는 결론을 내릴 수 있었다.

영화에서는 과학적으로 더 적합한 블랙홀 대신 중성자별이 등

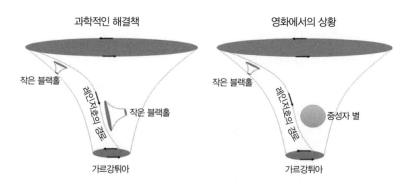

과학적인 해결책과 영화에서의 상황.

장한다. 과연 왜 그럴까? 인터스텔라에 관한 서적이나 제작 일지를 살펴보면, 같은 블랙홀이 여러 번 나오는 것보다 중성자별을 등장시켜 다양성을 주면 관객도 덜 헷갈리고 흥미도 더 끌 수 있다고 판단했다는 것이다. 결국, 인터스텔라의 첫 번째 조미료는 '중성자별'이었다.

과거로 통하는 유일한 수단, 중력

이제 두 번째 상황을 분석해보겠다. 영화의 끝부분에서 우주비행사 쿠퍼가 테서랙트 안으로 들어가 과거의 자신을 지켜보는 상황을 생각해볼 것이다. 그럼 우선 테서랙트란 무엇일까? 테서랙트는 4차원의 공간을 말하는데, 쉽게 말해 1차원은 점, 2차원은 평면, 3차원은 공간, 그리고 4차원은 테서랙트라고 할 수 있다. 우리는 4차원 공간에 살아본 적이 없기 때문에 당연히 테서랙트가 어떻게 생겼는지 알 수 없다. 하지만, 영화에서는 이론을 바탕으로 테서랙트를 묘사하고 있다.

더 구체적으로 설명하자면 3차원의 정육면체와 비교하며 이해하는 방법이 있다. 테서랙트는 정육면체 안에 정육면체가 있는 형태로 묘사할 수 있는데, 이는 4차원의 테서랙트는 3차원의 정육면체에 대응한다고 볼 수 있다. 또 정육면체를 2차원 평면에 투영하면 정사각형이 되고, 2차원 정사각형을 1차원 직선에 투영하면 선이 되는 것처럼, 테서랙트를 3차원 공간에 투영하면 정육면체가 나온다고 생각하면 된다. 보통 4차원은 우리가 평소에 살아가는 3차원 공간에서 시간을 더한 것이라고 생각할 수 있는데, 테서랙트를 시간의 측면에서 생각해보면 우리가 3차원 공간에서 자유롭게 이동하듯이 테서랙트를 이용하면 시간을 자유롭게 이동할 수 있다는 결론이 나온다.

그럼 테서랙트에서 쿠퍼가 과거를 보는 상황을 과학적으로 생각해보자. 실제로 쿠퍼는 과거를 보는 것뿐만 아니라 과거의 머피에게 모스 부호로 메시지를 보낸다. 메시지의 내용은 'STAY', 즉 가지 말라는 것이다. 아마도 쿠퍼 자신도 떠나지 말라는 딸 머피의 충고를 듣지 않아 후회하고 있는 것 같다는 생각이 들었다. 결국 순환적인 흐름이 펼쳐지는 것인데, 인과율에 모순이 되는 이 현상이 일어나는 게 실제로 가능할까?

과학적으로 살펴보자면, 과거로 갈 수 있는 것은 중력이 유일하다. 사람이 과거로 가지 못하는 것은 물론이고 심지어 빛도 가지 못한다. 앞서 설명한 것처럼 테서랙트는 4차원은 3차원 공간에 시간을 추가한 것이기 때문에, 우리가 일상에서 3차원 공간을 다니듯이 중력은 4차원 공간의 시간을 오가는 것이 가능하다. 그럼 테서랙트 내부에서 중력의 변화를 이용해 모스 부호를 보내는 등의 중력 조작이 가능한 것인가에 대한 의문이 자연히 생긴다. 결론은 모른다는 것이다. 아마도 이는 과학적으로 입증된 상황이 아닌 조미료일 가능성이 크다. 관객의 입장에서는 위와 같이 순환되는 구조의 상황이 더 극적으로 느껴질 것이고 영화 전체의 흐름을 이어가는데도 더 편하지 않았을까. 실제로 나도 영화의 마지막 장면에서 쿠퍼가 머피에게 모스 부호로 메시지를 보낼 때 전율을 느꼈다. 영화 〈인터스텔라〉의 두 번째이자 마지막 조미료는 바로 인과율의 모순을 극복하는 쿠퍼가 테서랙트 안에서 머피에게 보내는 신호라고 할 수 있다.

이처럼 우리가 재미있게 본 영화 속에서 그동안 모르고 있던 조미료를 발견할 수 있다. 연출을 위한 조미료를 굳이 발견하려고 노력해야 하느냐고 누가 묻는다면, 나는 그러지 말라고 할 것이다. 조미료도 영화의 일부분이기 때문이다. 나는 영화는 영화 그 자체로 느끼고 즐겼을 때 영화 본연의 맛을 느낄 수 있다고 생각한다. 물론 영화를 분석해보는 것도 나름대로 의미가 있다는 것에는 동의하지만, 감독과 제작진이 그린 영화의 모습을 그대로 받아들이는 것도 영화를 즐기는 아주 좋은 방법이다.

아르키메데스의 거울은 유용한 무기였을까?

화학과 16 **김지후**

아르키메데스의 거울, 그 소문의 시작

제2차 포에니전쟁으로 로마는 지중해의 패권을 장악한 최강의 나라가 되었고, 카르타고는 역사의 뒤안길로 사라졌다. 모두가 이름만 들어도 아는 한니발 장군이 등장하고 자마 전투 등은 역사적으로는 중요한 사건이 벌어졌지만 우리 같은 이과생은 이런 내용에 전혀 관심이 없다. 그렇다면 이 전쟁에서 우리가 중요하게 살펴보아야 할 사실은 무엇일까? 바로 이 전쟁 안에 있는 과학적 사실과 '도시 전설'을 구별하는 것이다.

포에니전쟁을 모르는 이과생이라도 아르키메데스라는 과학자의 이름은 들어본 적이 있을 것이다. 아르키메데스는 수학과 과학 분야에서 많은 업적을 남겼다. 대표적으로는 수학적인 증명을 통해 원주율의 근사치를 최초로 구한 것과 부력의 원리를 발견한 것 등이 있다. 포에니전쟁 당시 패전국인 카르타고는 시라쿠사라는 동맹 도시가 있었는데, 역사상 매우 우수한 과학자 중 한 명인 아르키메데스는 바로 이 시라쿠사 출신이었다. 위에서 말한 것처럼 전쟁의 승리자는 로마였기에 아르키메데스가 있던 시라쿠사도 전쟁의 피해를 피하지는 못했다.

당시 로마의 사령관인 마르켈루스는 시라쿠사를 함락시키면서 로마의 병사들에게 위대한 학자인 아르키메데스는 꼭 살려서 데려오라고 명령했다. 시라쿠사가 함락될 당시 아르키메데스는 모래판 위에서 기하학 연구를 하고 있었다고 전해진다. 이 모습을 본 로마 병사는 그가 그리고 있던 원 위에 올라섰다. 그러자 아르키메데스는 "내 원을 밟지 말라"라고 말하며 병사를 자극했다. 병사는 화를 이기지 못하고 단칼에 아르키메데스를 죽였다고 전해진다. 이 소식을 나중에 들은 마르켈루스는 안타까움을 금치 못했다. 희대의 천재의 황당한 죽음이 아닐 수 없다.

우리가 중요하게 보아야 할 점은 아르키메데스 자신이 아니고 그가 만들었다고 전해지는 발명품이다. 로마의 침공 앞에 위기감을 느낀 카르타고와 시라쿠사는 아르키메데스에게 효과적인 전쟁 병기의 개발을 부탁한다. 그 결과 아르키메데스는 로마의 침공을 막기 위해 전투용 거울을 만들었다고 전해진다. 전투용 거울은 적의 배를 파괴하고자 만들어졌다. 사용 방법은 빛을 모아 적의 배를 불태우는 것이다. 다들 어릴 적에 돋보기를 이용해 풀잎에 빛을 모아 태워본 적이 있을 것이다. 빛이 통과되는 돋보기에

아르키메데스의 거울로 적을 공격하는 모습을 그린 상상화.

서 빛이 반사되는 거울로, 그리고 풀잎에서 배로 대상이 바뀌었을 뿐이다.

태양 빛은 모두 에너지다. 따라서 적은 양의 빛이라도 돋보기나 거울을 이용해 매우 작은 한 점에 모을 수만 있다면 이론적으로는 불을 붙일 수 있다. 물론 단순히 거울 한 개로는 배에 불을 붙일 수는 없다. 만약 그게 가능하다면 도시에 있는 모든 거울은 인화 물질로 철저히 관리되어야 한다. 그래서 아르키메데스는 거울을 여러 개 설치해 이 문제를 극복했다고 전해진다. 만약 우리가 아는 전설처럼 잘 사용되었다면 이 무기는 적의 배가 접근하기도 전에 모두 불태워버리는 매우 강력한 무기였을 것이다.

그 거울 실험해봤더니……?

그렇다면 과연 이 무기가 실전에서 사용될 수 있었을까? 몇몇 TV프로그램에서 이 실험을 재현한 적이 있다. 일단 많은 유리 거울을 모아서 나무배를 태우는 건 실제로 가능했다. 하지만 기원전 2세기에 오늘날과 같은 깔끔한 유리거울이 존재할 리는 없다. 당시에 사용했던 건 반사율이 굉장히 낮은 청동거울이었다. 반사율이 낮다는 건 전달할 수 있는 에너지의 양이 상대적으로 적고 효율이 떨어진다는 것을 의미한다. 이러한 과학적 사실을 증명하듯 청동거울을 이용한 실험에서는 결국 배를 태우지 못했다. 배에 아주 약간의 그을림이 생겼을 뿐이다. 이 실험에 관여했던 MIT 교수는 이론적으로는 청동거울을 이용해 배를 태우는 것이 가능하지만, 과연 얼마나 많은 청동거울이 필요할지는 알 수 없다고 결론지었다.

만약 청동거울의 반사율이 충분하다고 가정해도 이 무기는 여러 문제점이 있다. 당시에는 전자식 장치가 없어서 많은 거울의 수만큼 많은 사람이 필요했다. 문제는 여기서 발생한다. TV 프로그램에서 진행한 실험은 모두 배가 정지해 있는 상황에서 실행했다. 하지만 실제 전쟁에서 적의 배는 바다 한가운데에 가만히 있지 않는다. 따라서 거울의 방향을 배가 움직이는 방향에 맞춰 실시간으로 바꿔주어야 한다. 그런데 많은 사람들이 동시에 빛을 한 곳에 모으면서 배를 따라가는 것이 현실적으로 가능할까?

실제로 MIT에서 아르키메데스의 거울 무기가 활용 가능한지 실험해보았다.

이 거울 무기는 빛이 정확하게 한 점으로 모여야 기능을 할 수 있는데, 이처럼 한 점으로 모으기 힘들다면 무기의 기능은 없다고 봐야 한다. 같은 속도로 따라가면 충분히 가능하다고 생각할 수도 있다. 하지만 사람의 위치에 따라 같은 정도를 움직여도 실제 반사되는 빛이 움직이는 정도는 조금씩 다르다. 예를 들어 많은 거울이 있는데 가운데 거울을 조정하는 사람은 거울의 각도를 조절해도 계속 원래 조준하고 있던 지점 근처로 빛이 이동할 것이다. 하지만 끝에 있는 사람은 조금만 움직여도 끝에 있기 때문에 매우 큰 변화를 일으킬 것이다.

만약 수십, 수백 개의 거울이 사용된다면 어떤 사람은 지금 자기가 반사하고 있는 빛의 방향을 정확하게 조절하지 못해 허둥지둥하게 될 것이다. 물론 한 명씩 순차적으로 움직이면 되겠지만 한 명씩 움직이는 동안 배는 계속 이동하기 때문에 이것도 현실적으로 불가능하다. 위치마다 빛이 움직이는 정도도 다르지만 빛은 조금만 각도를 달리해도 수십, 수백 미터 멀리 보내면 실제 배에 가서 닿는 빛의 방향은 매우 크게 움직이다. 그 움직임을 멀리 있는 사람이 오로지 맨눈으로 조절하기는 굉장히 어렵다. 따라서 이 무기는 현대에서 쓰이는 전자적 시스템 없이는 실시간으로 구현하는 것이 불가능하다. 만약 전자적 시스템이 있다면 사람이 움직일 수 있는 시간보다 훨씬 더 빠르게 배의 움직임을 예측하고 이에 맞춰 거울의 각도와 위치를 조절했을 것이다.

다양한 사람들의 팩. 트. 체. 크.

이 실험 결과를 두고 사람들 사이에 의견이 많았다. 아르키메데스의 거울이 실제로 무기로 사용되었다고 생각하는 사람들의 반론은 실험 자체가 오로지 배의 나무 부분에 불을 붙이는 것만 전제로 했다고 주장한다. 배에는 나무만 있는 것이 아니라 선원들의 옷이나 돛 등, 불이 붙을 수 있는 다양한 물건이 존재한다. 그리고 당시 기록을 보면 전투용 배들은 강력한 햇빛에 바싹 말라 있어 조그마한 불씨만으로도 큰 화재가 일어났다고 한다. 따라서 실험에서 사용한 급조된 허술한 배와 완전히 상황이 달랐다는 것이다. 단순히 배에 불을 붙이는 것뿐만 아니라 선원들의 눈을 멀게 하는 등 충분히 효과적인 무기로 사용될 수 있었다고도 주장한다.

그러나 이들의 주장은 그다지 설득력이 없다. 가장 큰 이유는 배가 한 척이 아니라는 것이다. 일반적으로 전쟁에서 전투가 일어날 때, 배 한 척이 모든 공격을 담당하지는 않는다. 많은 배가 자신의 역할에 따라 전투를 수행한다. 또 많은 배가 있었다는 사실은 역사적 배경으로도 알 수 있는데, 아르키메데스의 거울이 쓰일 당시 로마 해군은 단순히 위협 목적으로 시라쿠사 앞까지 배를 이동시킨 것이 아니다. 이들의 목적은 해군을 이용해 시라쿠사에 상륙한 뒤 최종적으로 시라쿠사를 점령하는 것이었다. 따라서 단순히 몇 척의 배가 아니라 수십에서 수백 척의 배가 전쟁에 동원되었을 것이라 짐작할 수 있다. 위 실험들은 아르키메데스의 거울이 단 한 척의 배에 불을 붙이기도 매우 힘들다는 사실을 보여준다. 따라서 정지되어 있는 한 척의 배도 파괴시키기 어려운 무기는, 움직이고 있는 수많은 배를 파괴시키는 것이 불가능하다. 많은 배가 움직이고 있기 때문에 정확히 어떤 배를 조준해 거울로 빛을 모을지 정하는 의사소통 과정에서도 많은 혼란이 있었을 것이다.

아르키메데스의 거울을 조종하는 사람들이 움직이는 배를 상대로 초점을 맞추는 것이 가능하고 거울의 수가 충분히 많아서 모든 적의 배에 조준이 가능하다고 해도 문제가 발생한다. 바로 이 거울의 에너지원이 태양 빛이라는 사실이다. 당시는 태양 빛만큼 밝은 빛을 만들 수 있는 전지 장치가 없었다. 따라서 이 거울은 태양 빛에만 의존할 수밖에 없었다. 그런데 만약 적군이 침공하는 날이 날씨가 흐리다면 이 무기는 전혀 사용할 수 없다.

실제 TV 프로그램의 실험에서 일반적으로 태양 빛이 가장 강력한 오후 2시가 지나자 태양 빛이 계속 약해져 실험을 중단할 수밖에 없었다. 태양 빛이 매우 강하고 맑은 여름이라 하더라도 적이 늦은 밤이나 해가 지고 있는 저녁에만 침공해도 이 무기는 존재의 의미를 잃어버린다. 대부분의 전투가 일어난 지중해 기후의 특성상 여름은 고온건조한 건기가 진행되어 태양 빛이 강했을지도 모르지만 겨울에는 다소 따뜻한 우기가 지속된다. 즉, 겨울에는 비가 자주 와서 태양 빛이 없거나 매우 약하다는 것이다. 그러므로 이 무기는 지중해의 지리적 특성상 일 년에 절반 정도만 사용할 수 있다. 아르키메데스의 거울 무기는 일반적인 태양 빛의 특성과 전쟁이 일어난 곳의 지리적 특성을 모두를 고려해도 실현

가능성이 거의 없는 무기라 할 수 있다.

그렇다면 역사적인 진실은?

역사학적으로도 이 무기는 존재하지 않았을 가능성이 높다. 많은 학자가 아르키메데스와 포에니전쟁 관련 문서를 조사한 결과 아르키메데스의 거울에 관한 최초의 언급이 기원후 2세기경에 처음 등장했다는 사실을 밝혀냈다. 만약 어떤 무기가 기원전 2세기에 벌어진 전쟁에서 크게 활약했다면 그 무기에 대한 언급이 수백 년의 시간을 뛰어넘어 갑자기 나타나지는 않을 것이다. 따라서 아르키메데스의 거울은 후대에 의해 창작된 '도시 전설'일 가능성이 매우 높다.

하지만 나도 직접 자세히 조사하고 고민해보기 전까지는 너무나 당연한 사실로 받아들이고 있었다. 빛을 한 점에 모으면 불이 붙는다는 것은 상식이기 때문이다. 거울을 이용해 무기를 만들어 침입하는 적의 배를 불태웠다고 하는 이야기는 과학적으로 타당한 결과라고 믿어 의심치 않았던 것이다.

이처럼 많은 도시 전설은 우리가 알고 있는 상식을 일반화시켜 도시 전설이 가능하다고 믿게 만든다. 만약 당신이 진정한 이과생이라면 어떤 사실이나 전설을 들었을 때 과학적으로 분석해보고 타당할 때만 수용해야 한다. 아르키메데스의 거울도 조금만 더 깊이 생각해보면 그냥 불이 붙은 화살이나 물체를 투석기를 이용해

날리는 것이 바다 위의 배를 불태울 수 있는 확률을 훨씬 높여준다는 사실을 알 수 있다. 단순히 널리 알려져 있는 정보나 상식을 무비판적으로 수용하는 태도는 과학적 타당성이 결여된 것이다. 그러므로 우리가 당연한 상식이라고 알고 있는 사실들도 과연 타당한지 합리적인 근거를 들어 따져보는 태도가 중요하다.

그래도 지구는 '지구(地球)'다

물리학과 17 **이강욱**

쓰레기통 속 지구본

매주 주말 우리 가족의 쓰레기 분리배출은 내가 담당한다. 이번 주도 어김없이 빨랫감을 들고 기숙사에서 집으로 향한다. 현관문을 열어도 반겨주는 이는 쳇바퀴를 열심히 굴리고 있는 햄스터뿐이다. 쓸쓸한 웃음을 지으며 겉옷을 벗는다. 동생 방에 들어가니, '모두의 마블' 세계에 빠진 여동생이 나를 쓱 흘겨보고는 이렇게 말한다.

"왔어? 저기 현관 옆에 분리배출 좀!"

"오늘은 네가 좀 내려가서 하지그래?"

"……."

터덜터덜 현관으로 걸어간다. 이번 주의 재활용 쓰레기 더미에서 아주 뜻밖의 물건이 보인다. 내가 태어날 때 부모님이 내게 선물해준 농구공만 한 크기의 낡은 지구본이다. 서둘러 동생 방으로 되돌아가 물었다.

"지원아, 혹시 지구본 여기다 버렸어?"

"아, 그거?"

동생이 귀에 꽂고 있던 이어폰을 뽑고 다시 말했다.

"엄마가 버렸어. 며칠 전에 아파트 주민 센터에 '평평한 지구' 강연을 듣고 오더니 지구본은 거짓말이라면서 버리더라고."

동생이 방금 한 말을 믿을 수 없었다.

"…… 지금 엄마는 어디 계셔?"

"……."

동생은 또 대답이 없다. 이미 동생의 두 귀에는 이어폰이 꽂혀 있었다.

쓰레기 더미에서 지구본을 따로 빼놓은 다음 분리배출를 하고 돌아오는 길에 관리실에서 차마 수거하지 않은 평평한 지구 포스터가 보였다.

'사랑한다, 평평한 지구_특별 강사 김구길'

도대체 뭘 하는 사람인지 궁금하기도 하고 엄마가 이상한 사람에게 홀린 것 같아 걱정도 되어 포스터를 떼어 주머니 속에 욱여넣었다. 다시 돌아간 집에는 언제 오셨는지 엄마가 저녁 준비를 하고 있었다. 엄마는 언제나 그렇듯이 나를 다정하게 반겨주셨다. 그러고는 말씀하셨다.

"영호야, 현관에 보니까 지구본이 있던데, 밥 먹고 분리배출하는 곳에 버려줄래?"

이유를 대강 알고 있었지만 나는 질문했다.

"멀쩡한 지구본을 왜 버리나요?"

엄마는 기다렸다는 듯이 말했다.

"우리가 완전히 NASA한테 속고 있었어. 지구는 둥근 게 아니라 북극점이 중심인 원반이란다. 네가 학교에서 배웠던 지구의 자전과 공전도 모두 거짓말이래. 중력도 물리학자들이 지어낸 허상일 뿐이야."

물리 인생 10년째, 카이스트 물리학과에 재학 중인 나에게 최대의 시련이 찾아왔다.

정신 차려요, 엄마!

나에게 물리학자의 꿈을 선물한 사람은 아이러니하게도 엄마였다. 엄마는 줄곧 별자리를 잘 찾으시고 밤하늘을 보는 것도 좋아하셔서 어렸을 때는 자주 밤에 동네 공원을 함께 산책했다. 호기심 많은 어린 아들은 엄마가 들려주는 온갖 별자리와 그에 얽힌 이야기를 들으며 어느새 천체물리학에 빠진 대학생이 되었다.

이런 아들에게 '지구는 평평하다'고 말하다니……. 뭔가 단단히 잘못된 것이 틀림없다. 하지만 저녁을 먹으며 아무리 설명하고 설득해도 엄마는 꿈쩍도 하지 않았다. 김구길이라는 인간이 직접 보고 들은 것 외에는 믿지 말라고 했단다. 하지만 가족들은 이 일을 대수롭지 않게 여기는 듯했다. 저녁 식사가 끝나갈 때쯤 나는 이 상황을 바로잡으리라 다짐했다.

"엄마, 그럼 이번 학기 끝나면 나랑 여행 가요."

"어머, 우리 아들이 웬일이야?"

"제가 모두 준비해놓을 테니깐 6월 마지막 주 일정은 다 비워 놓으세요!"

남은 학기 동안 새내기에게 일반물리를 가르치는 아르바이트, 학원 수학 조교 아르바이트, 각종 과외 등을 하며 여행 자금을 열심히 모았다. 실험 수업을 담당하는 교수님께도 구구절절한 사연을 담은 장문의 이메일을 보내 캐번디시 실험 장치를 빌렸다. 만유인력 상수를 측정한 캐번디시의 실험 장치로 엄마 앞에서 중력의 존재를 보임과 동시에 엄마의 둥근 지구를 되찾아주는 여행을

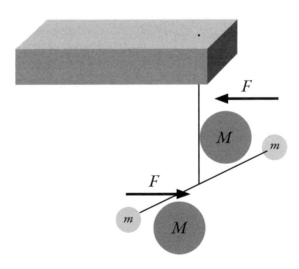

캐번디시 실험 장치를 간단히 나타낸 그림이다.

시작하리라.

양자역학 기말고사를 끝으로 2019년 봄 학기도 막을 내렸다. 나는 캐번디시 실험 기구를 들고 집으로 달려갔다. 종강 기념으로 맛난 저녁 외식을 한 뒤, 서둘러 내 방에 엄마를 포함한 가족들을 불렀다. 커다란 내 책상 위에는 길쭉한 캐번디시 실험 기구가 놓여 있었다.

"이 쇳덩어리들은 도대체 뭐야?"

동생이 약간 짜증이 난 듯이 물었다. 나는 설명을 시작했다.

"이 쇳덩어리들은 캐번디시라는 사람이 만유인력 상수를 측정하려고 사용한 기구야. 저기 줄에 매달린 막대 보여? 양 끝에 있는 저 공은 납으로 된 아주 무거운 공이지."

"이 장치가 어떻게 중력이 존재하는 걸 증명해준다는 거니?"

엄마도 의심스러운 눈초리를 아직은 거두지 않고 있었다. 나는 계속 설명했다.

"실에 매달린 막대는 평형인 지점을 중심으로 대롱대롱 회전 진동을 해요. 이때 또 다른 납 공을 막대에 달린 공에 가까이 대면 어떻게 될까요?"

"회전 진동의 중심점이 바뀌겠지. 만유인력이 납 공을 잡아당겨 평형 점을 이동시킬 테니까."

아빠는 이과 출신답게 자신 있게 정답을 말했다. 그러고는 엄마를 바라보며 웃으며 덧붙였다.

"물론 만유인력이 존재한다면 말이야, 하하!"

엄마의 표정이 약간 일그러졌다.

가족들이 열띤 토론을 진행할 동안 나는 막대기에 거울을 붙이고 레이저를 쏴서 반사된 빛을 흰 벽 쪽으로 보냈다. 막대가 조금이라도 움직인다면 반사된 빛은 더 많이 움직일 테니, 평형 점의 이동을 더 쉽게 보여줄 수 있을 것이다.

불을 끄고 장치에 아무것도 하지 않은 상태에서 평형 점을 측정하는 데는 아주 많은 시간이 걸렸다. 가는 실의 비틀림 상수는 매우 작고 막대 끝에 매달린 납 공은 매우 무거워서 진동의 주기가 30분은 더했을 것이다.

"진동이 생각보다 너무 느리죠?"

"그러네. 오늘 안에 끝나기는 하는 거니?"

엄마가 대답했다. 나는 이야기를 계속했다.

"그럼요. 그건 그렇고, 우리 여행지를 정했어요."

여행 이야기에 엄마의 안색이 조금 밝아졌다.

"그래? 어디로 가는데?"

"칠레의 낭만적인 항구도시 발파라이소로 가요! 칠레가 어디 있는지는 알죠?"

나는 장난스럽게 물었다.

"그럼. 남미에 있는 기다란 나라잖니."

엄마는 해외여행이 처음이고 비행기 타는 것도 처음이라서 목소리가 기대 반 걱정 반인 듯했다. 나는 핸드폰을 켜서 엄마의 카카오톡 프로필 사진을 띄웠다. 마치 UN의 로고처럼 생긴 지구 사진인데, 북극점이 중심에 있고 남극이 전 세계를 빙 둘러싼 모양의 지도였다. 그 지도가 나타내는 평평한 지구에서는 한국과 칠레

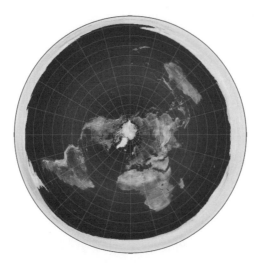

엄마가 생각하는 평평한 지구의 모습.

를 잇는 선 위에 북극이 있었다. 나는 이 지도를 가리키며 말했다.

"지구가 평평하다면 비행기를 타고 가는 길에 북극의 하얀 얼음과 눈이 보이겠네요."

"당연하지. 눈이 보이면 너도 이제 지구가 평평하다고 순순히 인정하는 거다?"

"그럼요! 반대로 눈이 안 보이면 지구는 둥근 거로 인정……."

그 순간 실험 장치에서 나오는 레이저 빛이 좌우로 한 번의 왕복을 끝냈다. 나는 빛이 움직인 경로의 가장 오른쪽과 왼쪽을 잇는 선의 중간에 노란 포스트잇을 붙였다. 그 지점이 현재의 평형점이다. 그리고 새로운 납 공을 추의 바로 옆에 가져다 대고 다시 비틀림 진자가 한 주기 움직일 때까지 기다렸다. 기다리는 동안에도 나는 계속 대화를 이어갔다.

"엄마, 별자리 좋아하잖아요. 거기 가면 공기도 맑을 테니깐 어렸을 때처럼 카시오페이아자리랑 북두칠성, 북극성 이야기 꼭 해 줘요."

남반구에서 북극성이 보일 리가 없다.

"좋지! 오랜만에 몸 좀 풀어보실까."

엄마의 대답이 끝날 즈음에 또다시 왕복 운동이 끝났다. 조심스럽게 새로운 평형 점의 위치에 빨간색 포스트잇을 붙였다. 빨간색 포스트잇은 노란색 포스트잇의 오른쪽에서 당당하게 만유인력의 존재를 증명하고 있었다.

"어, 변했다!"

내내 핸드폰만 하던 동생이 소리쳤다. 아빠도 꽤 놀란 눈치였다. 평형 점은 새로운 납 공을 가져다 댄 쪽으로 이동해 있었다.

골똘히 생각하던 엄마가 입을 열었다.

"중력이 가짜가 아니어도 꼭 평평한 지구가 틀린 건 아니잖아?"

엄마 말대로 중력이 존재한다는 사실 하나만 가지고서 직접적으로 지구가 둥글다는 걸 증명하긴 쉽지 않아 보였다. 역시 만만한 상대가 아니다. 하지만 엄마가 이제는 중력을 가짜라고 하지 않게 되어 다행이다.

"그래도 김구길이라는 강사가 중력에 관해서는 틀렸다는 건 알겠죠? 그 사람의 말이 항상 진리라고 생각하시면 안 돼요."

나는 조심스럽게 말했다.

"그래."

엄마는 마지못해 대답했다.

칠레로 가는 비행기

다음날 엄마와 나는 부지런히 짐을 쌌다. 엄마가 가방에 어찌나 이것저것 많이도 넣던지 마지막 쌍안경을 넣는데도 공간이 부족해 옷 몇 개를 빼야 할 정도였다. 남반구 중위도 지역은 지금 겨울이라 상당히 춥다. 여름옷만 챙기던 엄마가 추운 비행기에 대비해 두꺼운 옷을 챙겨 다행이라 생각했다.

이튿날 엄마와 나는 오후에 대전에서 인천으로 출발해 인천공항에 다다랐다. 막 도착했을 때는 오후 7시가 넘은 시간이었다. 공항을 걷다가 엄마에게 슬쩍 말을 걸었다.

"오후 7시인데도 하늘이 엄청 밝네요."

"칠레에서도 늦은 시간까지 계속 관광할 수 있겠어. 여행 계획 짜는 데 소질이 있네, 우리 아들!"

엄마는 방긋 웃으며 대답했다.

나는 속으로 생각했다.

'엄마 미안해요. 지구는 평평하지 않고 둥글어서, 북반구가 한여름일 때 남반구는 일조 시간이 가장 짧답니다.'

엄마의 행복한 여행을 둥근 지구가 망치는 것 같아 미안한 마음이 들었다.

혹시 가는 길에 보일지도 모르는 북극의 빙하를 찾는 것을 돕기 위해 특별히 엄마의 자리를 창가 쪽으로 잡아 비행기 표를 끊었다. 전날 밤과 버스 안에서 잠을 워낙 많이 자서 그런지 엄마는 창밖을 보며, 나는 항공사에서 제공해주는 영화를 보며 시간을 보냈다. 영화를 네 편쯤 봤을 때 엄마한테 천연덕스럽게 물었다.

"김구길의 수제자님! 북극의 빙하는 아직인가요?"

조금 실망스러운 기색의 엄마가 대답했다.

"음……. 이 비행기는 북극을 일부러 피해서 가려는 게 아닐까?"

나는 그 이유를 물었다.

"그러면 불필요하게 빙 돌아서 칠레까지 가야 하는데, 왜 굳이 돌아갈까요?"

"너무 춥기도 하고, 지구가 평평하다는 사실을 숨기고 싶을 수도 있지."

평평한 지구에 대한 엄마의 확신은 조금 약해진 것 같지만, 아직은 둥근 지구에 대한 의심이 남아 있는 듯했다. 나는 고개를 엄마 쪽으로 더 기울여 창밖을 보았다. 창에는 끝없는 바다와 하늘의 경계에 수평선이 둥글게 좌우로 펼쳐져 있었다. 엄마도 틀림없이 이 둥근 수평선을 봤으리라.

칠레는 지구 반대편 남반구에 있다

12시간이 넘는 긴 비행 끝에 칠레에 도착했다. 칠레의 표준시는 한국보다 13시간이 느리므로 도착 전의 표준시와 도착 후의 표준시가 거의 비슷했다. 큰 시차를 처음 경험해본 엄마는 적잖이 충격을 받은 것 같았다. 입국 심사를 마친 뒤, 엄마가 물었다.

"12시간 동안 비행기를 타고 왔는데 왜 시간이 똑같지?"

나는 기다렸다는 듯이 대답했다.

"엄마, 지구가 자전해서 시차가 생긴 거예요. 평평한 지구로는 시차가 왜 생기는지 설명할 수가 없죠."

"그 김구길이란 사람이 시차가 생기는 원리는 설명할 수 있는데 어려워서 생략한다고 했어. 다음에 만나서 한번 물어보면 되지뭐."

"그럼 해가 지는 시각은요? 지구의 자전축이 기울어져 있어서 북반구인 우리나라가 낮이 길 때 남반구인 칠레는 낮이 짧아요."

칠레의 현지 시각은 분명히 한국에서 출발했을 때와 비슷한 오후 7시쯤이었지만 창밖의 하늘은 캄캄했다.

"이것도 시차랑 비슷한 원리로 설명 가능할 거야. 영호야, 도착도 했는데 공항 밖으로 나가서 산책이나 할까?"

전혀 다른 원리라고 말하고 싶었지만, 머리도 식힐 겸 산책하러 나가는 것도 나쁘지 않을 것 같아 공항 밖으로 나섰다. 나가는 길에 엄마가 나를 붙잡았다.

"잠깐만 기다려봐, 여름옷 좀 꺼내게."

엄마는 추위를 많이 타서 비행기 안에서 두꺼운 옷을 겹겹이 입고 있었다. 지금 칠레는 한국과는 반대로 한겨울이다. 나는 겉옷을 벗으려는 엄마를 말리고 밖으로 향하는 문을 열며 말했다.

"지금 밖에 엄청 추워요. 일단 저를 믿고 옷 다 입고 나가요."

문을 열자 영하의 차가운 바람이 우리 모자의 얼굴을 시원하게 강타했다.

"어휴, 여기는 왜 이렇게 춥니? 남극이랑 가까워서 그런가?"

엄마가 말했다. 나는 바로 반박했다.

"그렇게 생각하면 북극이랑 더 가까이 있는 우리나라도 추워야 할 텐데요?"

"남극은 지구를 빙 둘러싼, 북극이랑은 비교도 안 되는 큰 얼음 덩어리란다. 그러니 훨씬 차갑지."

큰 얼음이 작은 얼음보다 더 차가워야 한다는 법은 없다. 이때 나는 주변에 칠판만 있었다면 나는 엄마한테 계절이 왜 생기는지 한참 동안 강의를 하고 싶을 정도로 답답했다. 한숨을 쉬며 고개를 들어 밤하늘을 보았다. 칠레의 별은 대전과는 다르게 눈부시게 빛나고 있었다.

"엄마, 밤하늘 좀 보세요. 정말 예쁘네요."

엄마도 고개를 들어 하늘을 보았다.

"우와! 별이 정말 밝구나. 여행 가기 전에 카시오페이아자리, 북두칠성, 북극성 이야기를 해달라고 했지? 어디 보자……."

그런데 지구는 둥글어서 남반구에서 보이는 별자리는 북반구에서 보이는 별자리와는 완전히 달랐다. 엄마는 한참 동안 밤하늘을 보다가 울상이 되어 나를 바라보며 말했다.

"이런 간단한 별자리도 못 찾는 걸 보면 나도 이제 너무 늙었나 보다. 별들이 밝게 빛나고 있지만 너무 생소하게 느껴져."

나는 웃으며 엄마를 꼭 끌어안았다.

"엄마가 변한 게 아니에요. 칠레는 남반구에 있어서 볼 수 있는 별자리들이 북반구랑 완전히 달라요. 그러니까 이제 지구가 둥글다는 거 알겠죠?"

엄마는 고개를 끄덕였다. 별들은 나를 천체물리학자의 길로 안내해주고 엄마의 잘못된 생각을 바로잡아주었다. 이 기쁜 소식을 한국의 가족들에게 전하자 모두 축하해주었다. 칠레에서 다음날에는 항구로 나가서 쌍안경으로 수평선 아래로 밑에서부터 사라지는 선박들을 보며 태평양의 아름다운 바다 경치를 즐겼다.

이로써 지구 평면설을 두고 벌인 긴 싸움은 끝이 났다. 엄마는 사기꾼 김구길과 완전히 인연을 끊었고 지구본도 내 방에서 원래의 자리를 되찾았다. 지금도 가끔 가족끼리 그때 이야기를 하며 웃곤 한다. 내 이야기를 듣고 있는 당신도 지구가 평평하다고 생각한다면 둥근 지구를 되찾는 여행을 떠나길 바란다. 돈이 아무리 들더라도 죽을 때까지 지구가 평평하다는 생각에 갇혀 사는 것보단 나을 테니까!

인간은 강력한 신체 능력으로 살아남았다

전산학부 16 **전종욱**

마라톤과 인간

지금 지구에서 가장 강력한 생물은 인간입니다. 모든 생태계 먹이 사슬의 최상단에 존재합니다. 그런데 언제부터 인간은 자연의 패 자였던 것일까요? 지능의 이야기가 아닙니다. 하늘을 날 수도 없 고, 크기도 작고, 약한 피부와 약한 힘을 가진 인간은 지능의 힘으 로 이 자리에 올랐다고 하는 이야기는 많이 들어보셨을 겁니다. 그런데 인류는 지능이 발달하기 이전부터 꽤 강한 종족이었습니 다. 그 비밀은 마라톤과 야구에 관한 신체 능력에 있습니다.

　자연에서 가장 중요한 능력 중 하나는 달리기입니다. 사냥을 해서 굶지 않으려면 달려야 하고, 살아남으려면 달려야 합니다. 그런데 인간의 달리기 속도는 그렇게 빠르지 않습니다. 현재 가장

마라토너들의 모습이다. 인간은 어떤 동물보다 오래 달릴 수 있다.

빠른 사람인 우사인 볼트는 100미터를 9.58초에 뛸 수 있습니다. 시속으로 환산하면 시속 44.7킬로미터입니다. 평범한 사람은 시속 25킬로미터로 달릴 수 있습니다. 치타는 시속 120킬로미터, 톰슨가젤, 타조, 호랑이는 시속 80킬로미터, 말은 시속 67킬로미터로 뛸 수 있습니다. 인간보다 훨씬 빠릅니다. 심지어 토끼와 고양이보다도 인간은 느립니다. 인류와 조상이 같은 침팬지나 고릴라의 달리기 속도도 시속 50킬로미터로 인간보다 훨씬 빠릅니다.

인간은 속도가 아닌 지구력을 키우는 방향으로 진화했습니다. 단거리 달리기가 아닌 마라톤 이야기입니다. 인간은 가장 오래 달릴 수 있는 동물 중 하나로 누구나 훈련을 받으면 20킬로미터를 거뜬히 달릴 수 있습니다. 동물은 그렇지 않습니다. 가장 빠른 동물인 치타는 1킬로미터만 뛰면 제자리에서 가쁜 숨을 골라야 합니다. 하지만 그리스의 마라토너 야니스 쿠로스는 11시간 동안 160킬로미터를 쉬지 않고 달릴 수 있습니다.

아메리카 원시 부족 중 타라우마라족은 스스로를 달리는 사람들이라 부릅니다. 그들은 '라라히파리라'는 달리기 축제에서 48시간을 쉬지 않고 달립니다. 현대의 달리기 대회에서 수차례 우승하기도 한 타라우마라족의 사냥 방식도 오래달리기입니다. 이들은 여러 날 동안 사슴을 따라 달립니다. 사슴이 먼저 지쳐 쓰러지면 다가가 맨손으로 사슴을 잡습니다.

영국 란티드 웰스라는 작은 지방에서는 말과 인간의 달리기 경주가 열립니다. 인간은 두 번이나 기수를 태운 말을 앞선 적이 있습니다. 35킬로미터의 거리를 달리는데 말의 기록은 프로 마라톤 선수의 기록보다 빠르지 않습니다. 말도 10분 이상 달리면 속도가 그 전의 60퍼센트 수준으로 떨어지기 때문입니다. 달리는 거리가 마라톤 거리 이상이 된다면 말은 인간을 이길 수 없을 것이라고 합니다.

이처럼 사람과 동물의 차이는 어디에서 올까요? 학술지 『미국 국립과학원회보』에 실린 연구에서 애리조나대학교의 연구진은 침팬지와 인간의 근육을 비교했습니다. 인간과 침팬지 근육의 최대 등장력과 최대 단축 속도는 뚜렷한 차이가 없었습니다. 최대 등장력이란 근육이 늘어나지 않고 무게를 버틸 수 있는 힘입니다. 최대 단축 속도는 하중이 없을 때 근육의 수축 속도입니다. 그렇다면 왜 인간은 침팬지만큼 빨리 뛸 수 없고, 침팬지는 인간만큼 오래 뛸 수 없을까요?

인간과 침팬지의 근육 유형의 비율 차이 때문입니다. 근섬유에는 세 가지 유형이 있습니다. I형과 IIa형, IIb형입니다. I형은 지근이라 불립니다. 지속적으로 내는 힘에 관여합니다. II형은 속근으로, 한 번에 내는 순간적인 힘에 특화되어 있습니다. 사람은 지근의 비율이 50퍼센트 이상으로 알려져 있습니다. 침팬지와 다른 유인원은 30퍼센트에 불과합니다.

인간이 다른 동물보다 오래 뛸 수 있는 데는 맨살과 땀샘이 크게 기여합니다. 침팬지, 고릴라 등 유인원은 몸이 털로 덮여 있습니다. 많은 다른 동물도 그렇습니다. 그런데 인간은 털이 없어지고 맨살이 드러나는 방향으로 진화했습니다. 땀샘도 크게 발달했습니다. 이런 두 가지 변화는 열 관리 능력을 크게 높였습니다. 몸이 더워지면 200만 개의 땀샘에서 땀이 나옵니다. 땀은 증발해 체온을 크게 낮춥니다. 털로 덮인 동물은 땀샘이 없습니다. 개가 오래 달리면 혀를 내놓고 헉헉거리는 모습을 볼 수 있습니다. 땀샘이 없기 때문에 입을 열고 혀로 몸을 식히는 것입니다.

그렇다면 추운 지방에서는 동물이 인간보다 오래 뛸 수 있을까요? 그렇습니다. 알래스카 개썰매 대회에서 시베리안 허스키는 무려 657킬로미터에 달하는 거리를 계속 달릴 수 있다고 합니다. 같은 이유로 늑대도 야간 사냥을 합니다. 하지만 덥고 건조한 기후의 아프리카에 살던 원시 인류의 열 관리 능력은 필수적이었습니다.

야구와 인간

두 번째 인간의 특별한 신체 능력은 던지기입니다. 인간만큼 물체를 빠르게 던질 수 있는 동물은 없습니다. 프로야구선수는 140그램의 야구공을 시속 160킬로미터의 속도로 스트라이크존에 꽂아 넣을 수 있습니다. 캐치볼도 안 해본 사람도 훈련을 하면 시속 100킬로미터의 속도를 낼 수 있습니다. 동물은 그렇지 않습니다. 성인 수컷 침팬지는 가벼운 물체를 가지고도 시속 30킬로미터의 속도로 던지지 못하는데 보통의 인간은 초등학교를 졸업하기 전에 이 구속을 훌쩍 뛰어넘습니다.

인간만큼 정확하게 던질 수 있는 동물도 없습니다. 1975년 하

야구 투수가 공을 던지는 모습이다. 인간은 어떤 동물보다 물체를 정확하게 던질 수 있다.

버드대학교의 필립 J. 달링턴은 침팬지의 투척 능력에 관해 이렇게 말했습니다. 44차례의 던지기에서 침팬지는 단 5번만 물체를 맞추었습니다. 목표와의 거리는 고작 2미터였습니다. 비슷한 거리인 2.5미터에서 이뤄지는 다트 대회에서 숙련된 선수는 직경 2센티미터에 불과한 Bull's eye를 아홉 번 연속 맞출 수 있습니다.

이러한 차이는 어디에서 올까요? 먼저 인간은 손으로 컵 모양을 만들어 물체를 정확히 움켜쥘 수 있기 때문입니다. 나무를 타는 유인원은 엄지손가락이 다른 손가락과 같은 방향을 향합니다. 인간의 엄지는 다른 방향으로 뻗어 있어 물건을 꽉 움켜쥘 수 있습니다. 그 유명한 도구의 사용에 관한 이야기가 아닙니다. 이러한 변화는 가장 오래된 도구보다 훨씬 이전 시기에 발견됩니다. 원시 인류는 생존 전략으로 나무를 잘 타는 것보다 투척을 잘하는 방향을 택했습니다. 그 결과 변화된 손으로 도구도 만들어낼 수 있었던 것이죠.

투척 능력을 만드는 두 번째 차이는 어깨와 허리 근육입니다. 투척을 더 잘하는 방향으로 진화했다는 사실은 인간의 몸이 명백히 보여줍니다. 물체를 던지는 힘은 절반 이상 어깨에서 나옵니다. 어깨 관절의 각도와 방향은 유인원과 인간이 명확하게 다릅니다. 던지기에 특화된 어깨로 인간은 팔을 크게 뒤로 젖힐 수 있고 강한 탄성력을 만들 수 있습니다. 허리도 유인원에 비해 길고 탄력적이어서 더 강하게 물체를 던질 수 있게 해줍니다.

투척 능력에 관해서는 다윈도 언급합니다. 다윈은 "직립보행으로 손이 자유롭게 되었을 때 등장한 인간의 독특한 던지기 능력은 수렵·채집자들로 하여금 발사 무기를 이용한 효과적 사냥을 가능케 했다"고 말했습니다. 투척은 원시 인류의 주요한 사냥 방식이자 매우 강력한 방법이었습니다.

직립과 집단 양육

원시 인류의 사냥 방식은 두 가지 우월한 신체 능력, 오래달리기와 투척을 이용한 과정이었습니다. 여러 명의 사람이 짐승을 쫓고 짐승이 힘이 빠져서 멈추면 돌을 퍼부었습니다. 사방에서 빠르고 정확하게 날아드는 돌덩이를 피할 수 있는 동물은 없었을 것입니다. 이 사냥 방식으로 인간은 먹이사슬의 패자에 올라섰습니다. 이로써 높은 동물성 단백질을 섭취할 수 있게 되고 더 큰 뇌와 더 높은 지능을 얻을 수 있었습니다.

오래달리기와 투척을 사냥 방식으로 택한 진화의 방향에서 중요한 신체적 변화가 하나 더 발생합니다. 똑바로 선 인간은 골반이 좁아졌습니다. 몸의 무게를 지탱하기 위해 골반과 다리 사이가 점점 좁아졌습니다. 뇌와 머리는 점점 커지는데 골반은 좁아졌습니다. 출산이 더 힘들어진 것입니다. 아기는 점점 더 힘들게 엄마의 몸을 빠져나와야 했습니다.

처음에 동물들은 모두 알을 낳았습니다. 새끼를 낳는 동물인 포유류는 가장 나중에 등장합니다. 포유류는 자연에 무방비로 알을 노출시키는 대신 새끼가 성숙할 때까지 어미의 몸속에서 키운

다음 낳습니다. 소나 말, 사슴의 새끼는 태어나자마자 몇 시간 안에 자기 힘으로 걸을 수 있습니다. 하지만 인간은 그렇지 않습니다. 한 달 동안 앞도 제대로 못 보고, 반년이 지나서야 바닥을 헤엄칠 수 있을 뿐입니다. 제 힘으로 걷는 데는 1년의 시간이 걸립니다. 태아의 지능도 많이 발달하지 않은 상태입니다. 침팬지와 인간의 아이를 비교한 실험에서 3개월 된 두 아이의 인지능력은 침팬지가 오히려 인간을 앞섭니다. 태아는 성인의 단 25퍼센트 크기에 불과한 뇌를 갖고 태어나기 때문입니다. 1993년에 제임스 맥케나 박사는 다른 동물만큼 태아가 성숙하기 위해서 21개월의 임신 기간이 더 필요하다고 말했습니다. 하지만 이렇게 긴 임신은 불가능합니다. 제왕절개 수술이 보편화되기 전인 불과 몇백 년 전에도 아이를 낳다가 죽는 사람이 많았습니다. 태아가 지금보다 더 컸다면 출산의 위험성은 더 높아졌을 것입니다. 포유류가 탄생했던 기본적인 이유와 모순적으로 인간은 미성숙한 태아를 낳게 되었습니다.

미성숙한 태아를 낳는다는 사실은 커다란 사회적 변화를 만들었습니다. 함께 아이를 보호하는 집단 양육이 등장합니다. 개인이 아이를 보호하는 배타적인 집단보다 사회 구성원 모두가 아이를 보호하는 이타적인 집단이 더 잘 살아남게 되었습니다. 하버드대학의 인류학자 세라 블래퍼 허디는 영장류와 비교되는 인간의 가장 큰 특징 중 하나로 집단 양육을 꼽았습니다. 오늘날 우리도 아기를 보면 누구나 귀여워합니다. 동물학자 콘라드 로렌츠에 따르면 이런 귀여움은 아기를 보호하기 위해 느끼는 진화적인 이유의 감정입니다. 모든 동물의 보편적인 특징은 아닙니다. 물론 고슴도치도 제 새끼는 귀여워합니다. 모성애는 거의 모든 동물에게서 발견됩니다. 그러나 남의 새끼는 그렇지 않습니다. 사자나 토끼 무리에서 심지어 동족 포식이 종종 일어나기도 합니다. 같은 종이지만 다른 개체의 새끼를 죽이는 것입니다.

큰 머리 때문에 미성숙하게 태어나는 아이를 보호하기 위해 인간은 사회적 동물이 되었습니다. 이타적인 집단생활을 하며 더 강력한 종족이 되었습니다. 자손을 더 잘 보호했고 사냥도 더 잘했습니다. 한 동물을 많은 사람이 여러 방향에서 오랫동안 쫓아 포위해 무리에서 고립시켰습니다. 우리가 알아본 원시 인류는 호모 에렉투스입니다. 이들은 뇌의 크기가 현재 인간의 2/3 정도였고 불을 최초로 이용한 인류로 유명합니다. 호모 에렉투스는 털이 빠지고 맨살이 드러나 직립보행에서 더 나아간 직립주행이 가능했습니다. 이때부터 투척과 관련된 어깨의 해부학적 특징이 발견됩니다.

오래달리기와 투척 능력의 출현 시기가 일치하는 것은 큰 의미가 있습니다. 이 두 가지 능력이 그들의 사냥 방식을 이루었다는 것을 뒷받침합니다. 맨살이 드러나고 어깨가 변화되어 오래 달리고 잘 던질 수 있는 것이 아니라, 오래 달리고 잘 던져야 했기 때문에 신체적 변화가 생긴 것입니다. 다치면 서로 치료해주는 사회적인 특징도 확인할 수 있습니다. 호모 에렉투스는 생태계에서 크게 번성했고, 아프리카를 넘어 세계 각지로 퍼져나갔습니다. 아프리카에서만 유골이 발견되는 아프리카 침팬지와는 다르게 세계

각지에서 호모 에렉투스의 유골을 찾을 수 있습니다. 우리나라 최초의 구석기인도 이때 건너온 사람들입니다.

그 이후 인류는 몇 가지 중요한 변화를 겪으며 다양한 진화를 겪었습니다. 불을 사용해 고기를 익혀 먹었습니다. 더 높은 단백질을 얻고 소화기관에서 사용되던 에너지를 뇌가 쓸 수 있게 되었습니다. 흉곽의 크기 변화가 이 사실을 잘 보여줍니다. 도구를 사용하고 인간은 점점 더 강력해졌습니다. 인간이 강력해지자 더 잘 먹고 잘 살게 되면서 뇌의 크기는 점점 더 커지고 똑똑해지는 순환이 일어났습니다. 농경을 시작해 모여 살고, 집단생활을 하며 질병과 면역력과 관련된 진화가 일어나기도 했습니다.

지금의 모습이 되기까지 있었던 다양한 진화 중 오래달리기와 투척 능력의 선택은 인류 역사를 활짝 여는 눈부신 사건이었습니다. 빠른 속도, 위장 능력, 강한 치악력, 나무 타기 등 수많은 동물은 각자 고유의 능력을 선택하고 개발했습니다. 인간이 선택한 능력이 가장 강력했기에 현재 지구의 주인이 될 수 있었습니다. 자연을 이해하고, 사람을 달에 보내고, 거대한 도시를 건설하는 현 인류의 역사는 바로 오래달리기와 던지기에서부터 시작된 것입니다.

좀비 클리셰와 과학

수리과학과 11 **이수환**

대중의 많은 사랑을 받는 좀비물

좀비가 세상은 정복하지는 못해도 한국 미디어를 정복하는 데는 성공한 것 같다. 외국에서는 드라마 〈워킹데드〉, 소설 『세계대전 Z』의 흥행으로 이미 몇 년 전부터 좀비물이 쏟아져 나오고 있다. 한국에서도 영화 〈부산행〉이 흥행한 이후 무수히 많은 좀비물이 등장하고 있다. 실제로 넷플릭스 드라마 〈킹덤〉을 통해 사극물과 좀비물의 결합이 선보였다. 이뿐만 아니라 네이버 웹툰에서는 요일별로 좀비 관련 웹툰이 하나씩은 연재되고 있으며, 한국 영화에서도 3개월에 하나씩은 좀비물이 개봉되고 있다. 오죽하면 좀비와 사랑에 빠지는 로맨스, 좀비 개그물, 심지어는 좀비 컨셉의 아이돌 무대까지 나오고 있겠는가. 한국에서 좀비물은 더 이상 마이

너 장르가 아니다.

대중의 많은 사랑을 받는 좀비물은 사실 과학과 밀접한 관계가 있다. 다른 공포물과 다르게 좀비물의 주요 판매 포인트는 '그럴싸하게 일어날 수 있는 일'이라는 점이기 때문이다. 초현실적인 이유로 발생하는 재앙이나 갈등은 사람들에게 단순한 판타지로 인식된다. 마법과 주술이 남발하는 곳에서 벌어지는 일과 주인공의 갈등에 자신을 대입하기는 어렵다. 하지만 좀비물은 현실과 판타지 사이의 모호한 경계에 걸쳐 있다. 현재 사람들이 실제로 살고 있는 도시를 무대로 하거나 총과 칼 같은 현대적인 무기를 사용하는 경우가 많다. 대부분 좀비물의 시작점이 본인의 집이나 회사, 학교처럼 대중의 일반적인 생활 반경에서 선택되는 것도 이를 뒷받침한다.

그래서 작품 내에서 사람들에게 좀비가 어떻게 발생되는지, 좀비가 어떻게 움직이며 공격하는지를 설명하는 것은 작품의 세계관을 구축하는 데 꽤 중요한 역할을 한다. 이는 좀비물이 과학적으로 전혀 말이 되지 않는 내용을 대중에게 과학적 설명을 통해 설득해야 하는 딜레마에 빠졌다는 것을 의미한다. 따라서 좀비물의 성행과 함께 과학적 부실함에 대한 비판도 계속해서 제기되어 왔으며, 점차 과학적 근거에 기반한 좀비와 관련된 설정이 마련되었다.

좀비는 더 이상 부활한 시체가 아니다

대표적인 예로 어느 순간 사라져버린 '언데드' 설정이 있다. 좀비 영화의 기념비적인 작품인 조지 A. 로메로 감독의 〈살아 있는 시체들의 밤〉(1969)을 살펴보자. 여기서 등장하는 좀비들은 무덤에서 살아난다. 시체가 다시 살아난 것이기 때문에 좀비들의 온몸은 썩어간다. 좀비들은 시체이므로 걸음은 느리지만 꾸준히 특유의 괴성을 지른다. 게다가 전투력이 약하기 때문에 보통은 많은 수로 주인공과 그 일행을 압박한다. 하지만 좀비들의 공격은 피하기 쉬우므로 주인공이 이들의 공격으로부터 점차 익숙해지면 주인공에게 큰 위협이 되지 않는다. '메탈 슬러그'와 같은 고전 게임

영화 〈살아 있는 시체들의 밤〉에 등장하는 좀비들의 모습.

에 나오는 좀비들을 떠올려볼 때 분명히 이런 좀비들이 2000년대 초반까지 미디어를 장악했다. 당시 좀비들은 요즘 좀비들과는 비슷하면서도 사뭇 다르다. '고전' 좀비들은 왜, 어느 순간부터 사라진 것일까? 그것은 '죽었다가 시체로 부활한다'는 설정이 세계관을 만드는 데 상당한 걸림돌이 되기 때문이다.

'언데드' 컨셉의 좀비 설정에서 가장 크게 공격을 받는 지점은 바로 '사후경직'이다. 사후경직이란 동물이 죽은 뒤에 근육이 딱딱하게 수축해 몸이 굳는 증상을 말한다. 보통 사후경직은 사망시 호흡을 멈추면서 근육의 운동 에너지원인 ATP가 근육에 공급되지 않으면서 발생한다. ATP는 산소 호흡 과정에서 만들어진다. 지구상의 모든 생명체는 ATP가 있어야만 움직일 수 있다. 생명체가 죽으면 호흡에 의한 ATP 보급이 중단되고, 이로 인해 생성된 젖산이 체내에 쌓여 세포의 pH가 감소하면서 근소포체가 제 역할을 하지 못하게 된다. 그러면서 유출된 칼슘(Ca) 이온이 필라멘트의 미오신과 결합하게 되고 액토미오신이 생성되는데, 이 액토미오신이 근육을 수축시킨다.

설정상 좀비가 제대로 걷지 못하고 움직임이 느린 이유는 사후경직 때문이다. 이 설정을 실제로 적용한다면 좀비는 아예 움직이는 것 자체가 불가능해진다. 그리고 걷는 행위는 많은 에너지를 필요로 할 뿐만 아니라 개입되는 근육도 많아 생각보다 어려운 행위다. 우리는 어렸을 때 오랜 시간을 '걷기'를 학습하는 데 썼다. 인간을 제외한 동물 가운데 이족 보행을 하는 동물이 있는가? 우리는 모든 감각기관과 근육, 그리고 신경계의 조화 속에서 걸을 수 있다. 멀쩡히 살아 있는 우리도 한 발로 중심을 잘 잡지 못하는데 죽었다 살아나서 근육이 정상적으로 작동하지 않는 좀비가 멀쩡히 걷는다는 건 확실히 현실감이 떨어진다.

좀비들이 몇 달 동안 에너지 공급도 없이 열역학 제2법칙을 위배하면서 떼를 지어 걸어다니는 설정도 문제다. 스토리가 진행되어야 하므로 좀비들은 계속 존재해야 한다. 하지만 '인육만 먹는다'는 설정을 버리면 굳이 주인공 일행을 공격할 이유가 사라지고 주술이나 마법 같은 비현실적인 요소를 섞으면 세계관이 무너져버린다. 수분 섭취도 좀비물에서 꽁꽁 숨기고 있는 요소 중에 하나다. 영양분이야 인육으로 어떻게든 해결한다 하더라도 잘 걷지도 못하는 좀비들이 물을 마실 수 있을 리 없다. 아이러니하게도 초반에 무기 없이 고립된 주인공과 일행은 대체로 수분 섭취 부족으로 고통 받는다. 우리는 물을 사흘만 안 마셔도 요절하기 시작한다. 신체의 모든 대사는 수분을 필요로 하며 인체의 수분 밸런스가 조금만 무너져도 몸 전체에서 문제가 발생한다.

그래서 요즘은 뇌와 대사는 멀쩡하지만, 인간성과 자율신경계를 상실했다는 정도로 타협된 좀비 설정을 많이 나오고 있다. 즉, 좀비는 완전히 죽지는 않은 상태에서 인간을 공격하는 괴물로서, 고통을 느끼지 못해 그 외관이 시체처럼 변했다는 것이다. 이러한 설정 속에서 요즘 좀비들은 어느 정도 대사도 하고 면역 능력을 통해 파리나 곰팡이로부터 자신의 몸을 지키기도 한다. 이들은 어느 정도 사고가 가능해 동료와 인간을 구분할 수도 있다. 하지만 몸이 조금씩은 썩어가고 있고 고통을 느끼지 못해 자신의 몸을

험하게 다룬다. 이 설정에서 좀비들이 여전히 인육을 좋아하고, 이들에게 물리면 전염된다는 점은 중요하다. 설정만 훑어봤을 때 좀비와 싸이코패스는 별로 다를 게 없어 보이지만, 어쨌든 이러한 설정 덕에 어느 정도 설정상 오류를 막으면서도 우리가 좋아하는 좀비 세계관을 지킬 수 있게 되었다.

　좀비와 관련된 설정에서 시체 설정을 버리면서 가장 좋은 점 중 하나는 좀비들이 엄청나게 위협적으로 바뀌었다는 것이다. 요즘 좀비들은 달릴 수 있다. 그것도 인간보다 빠른 속도로 달린다. 양으로 밀어붙였을 때도 위협적이던 좀비는 이제 신체 능력까지 향상되어 주인공과 일행을 위협하기 시작했다. 이러한 변화는 대중이 느린 좀비에게 느끼는 공포감이 많이 무뎌진 것과 관련 있다. 영화 〈28일 후〉나 〈부산행〉에서 전력으로 질주하는 좀비에 비해 조금만 빠르게 걸으면 벗어날 수 있는 옛날 영화의 좀비는 조금 우스워 보이기까지 한다.

　하지만 그러면서 "왜 그들의 능력은 강화되었는가?"라는 질문에 대한 합리적인 답변도 해야 하는 문제가 발생해버렸다. 스토리를 좀 더 길게 풀어나가려면 왜 정부가 무력화되고, 왜 군대가 힘을 못 쓰는지도 설명해야 한다. 사실 생각해보면 탱크 한 대만 있더라도 수많은 좀비를 무력화시킬 수 있다. 우리의 턱 힘으로 청테이프 하나 뚫지 못한다는 사실을 생각해보면 군복만 입더라도 좀비에게 물리지 않는다는 사실을 알 수 있다. 이러한 설정상의 문제점을 해결하려면 좀비에게 강력한 힘을 부여해야 한다. '주술'이나 '마법'의 힘을 빌리는 건 너무 뜬금없기 때문에 '과학'의 힘을 빌려야 하는 상황이다.

약물이나 오염물이 좀비를 만든다

이런 부실한 능력의 좀비 설정이 가지는 결함을 극복하고자 단골 소재로 약물이나 오염물이 등장한다. 사람이 죽어서 좀비가 된 것이 아니라 어떤 경로로 이상한 화학물질에 노출되어 좀비 비슷한 존재로 바뀐다는 것이다. 이 설정에서 좀비는 일단 사람이기 때문에 신진대사와 생명 활동도 진행된다. 그러면 앞서 설명한 시체의 부패, 면역, 그리고 곰팡이나 파리와 같은 설정의 오류를 모두 피할 수 있다.

좀비를 연상시키는 몇몇 약물이 매체에 등장하면서 이런 설정에 합리성을 부여해주기도 한다. 우리에게 유명한 약물은 아마 좀비 마약으로 불리는 '배스솔트'와 '크로코딜'일 것이다. '배스솔트'는 마이애미에서 2012년 한 남성이 복용한 후 노숙자의 얼굴을 물어뜯은 사건 때문에 유명해졌다. '크로코딜'은 헤로인을 뛰어넘는 강한 쾌감을 주지만 몸을 괴사시키기 때문에 '좀비 마약'으로 불린다. 우리나라에서도 '배스솔트'가 원인으로 추정되는 사건이 보도된 바 있다. 이런 사건들이 언론을 통해 좀비라는 타이틀을 달고 자극적으로 대중에게 전파되었다. 실제로는 경찰에 의해 제압될 수 있었던 사건이라도 대중은 이런 자극적인 뉴스에 노출되면 "혹시 어떤 미지의 약물이 좀비를 만들 수 있지 않을까?"라는 의심을 하게 된다.

실제 좀비의 기원으로 추정되는 아이티의 부두교에서도 비슷한 사건이 발생한 적이 있다. 1980년대 데이비드 박사의 저서 『뱀과 무지개(The Serpent and the Rainbow)』에서는 아이티에서 부두교의 이름으로 자행된 좀비 사건들의 실체를 소개하고 있다. 흔히 복어의 독으로 알려진 '테트로도톡신'을 적정량 섭취하면 사람은 며칠간 죽은 것과 같은 가사 상태에 빠진다. 부두교의 주술사들은 이 약물을 이용해 특정 사람을 죽은 것처럼 위장시킨 뒤 약효가 떨어질 무렵 무덤을 파헤쳐 그 사람을 부활시킨 것처럼 조작했다. 회복이 덜 된 사람에게도 독말풀과 같은 환각제를 지속적으로 섭취시킨 뒤 노예로 부렸다.

바이러스의 감염으로 좀비가 된다

'바이러스' 설정도 인기가 많다. 이 분야는 사람들에게 대체로 익숙하지 않은 분야이기 때문에 마음대로 설정을 바꾸는 것이 가능하다. 가령 영화 〈28일 후〉의 분노 바이러스는 사람의 분노 감정을 극대화시키기 때문에 좀비의 괴력과 폭력성을 어느 정도 설명할 수 있다. 하지만 여전히 전염 경로를 설정하는 부분에서는 많은 오류가 발생하는데, '물리면 전염된다'는 설정을 버릴 수 없기 때문이다. 만약 공기를 통해 확산된다면 좀비보다 좀비 바이러스가 더 위험해지는 상황이 된다. 좀비와의 추격전을 전개해야 하는

데 그냥 옆에서 숨만 쉬어도 좀비가 되어버리기 때문이다. 그렇다고 무조건 좀비와의 접촉에 의해서만 전염된다면 정부와 군대가 좀비에 대한 대처에 실패할 가능성이 엄청나게 낮아진다. 그래서 보통 주인공은 '면역' 설정을 달고 나오지만 여전히 구체적으로 전염 경로를 설명하기에는 구멍이 많다.

좀비물은 귀신이나 악마 등 다른 공포 클리셰들보다 과학적 설정 오류에 대해 많은 비판을 받고 있다. 예컨대 미국 드라마 〈워킹데드〉 속 좀비 설정과 관련해 심심치 않게 포럼에서 '어떻게 좀비들이 5년 간 걸어다닐 수 있는가?'에 관해 토론이 펼쳐지는 모습을 볼 수 있다. 창작물에 왜 그런 엄격한 잣대를 들이대느냐고 비판할 수도 있지만, 이렇게 많은 비판이 제기되는 것은 좀비물이 다른 괴수물, 생존물과 차별되는 가장 큰 요소가 현실감이기 때문이다. 사람들은 좀비물 속 삽이나 망치처럼 주변에서 볼 수 있는 도구를 무기로 사용해 동료를 구하고 좀비를 해치워나가는 모습에서 카타르시스를 느낀다. 괴물에 사용하는 무기가 십자가로만 바뀌면 장르는 오컬트물이 된다. 그러니 좀비물 제작자들은 적어도 '아니, 저거 완전 무한동력이잖아. 연구해서 팔면 대박 나겠는데'와 같은 생각은 들지 않게 해야 할 책임이 있다.

이미 좀비물 흥행이 한번 지나간 미국에서는 초능력을 쓰는 히어로로 좀비까지 등장하고 있다. 사람들은 점점 자극적인 요소를 원하고 이미 등장한 설정에는 지루해한다. 좀비물 제작자들이 과연 언제까지 이 과학적 설정 오류를 변명하며 좀비물을 발전시켜나갈지 기대된다.

10퍼센트 뇌 속설은 진실인가?

물리학과 14 송진엽

10퍼센트 뇌 속설을 들어봤는가?

2014년에 개봉된 영화 〈루시〉는 프랑스 영화 특유의 심오하면서
도 어이없는 줄거리로 유명하다. 간략하게 내용을 소개하자면 다
음과 같다. 사고로 인해 정체불명의 약을 먹게 된 평범한 대학생
루시는 뇌의 사용 능력이 많이 증가한다. 잠들어 있던 뇌가 활성
화되면서 다양한 능력을 얻는데, 처음에는 뇌의 모든 사소한 기억
과 감각이 살아나고 주변 사람들의 신체와 정신에 약하게 간섭할
수 있게 변한다. 하지만 점점 더 많은 약을 투여하면서 루시의 뇌
는 더욱 활성화되어 초현실적인 능력이 발현되기 시작한다. 염력
을 사용해 주변 물체를 괴한에게 던질 수 있고, 신체에서 검은색
촉수를 뻗어 물질을 흡수할 수 있다. 영화의 막바지에는 뇌 사용

량이 100퍼센트에 도달한 루시가 우주에 있는 모든 지식과 만물의 존재를 깨닫는다. 그녀는 전지전능한 신과 같은 존재가 되고, 인류가 뇌의 능력을 외면하는 것에 환멸을 느낀다. 결국 루시는 인류가 처한 문제를 해결하기 위해 본인을 희생하고 인간의 모든 지식을 압축해 조력자 노먼에게 건네주고 사라진다.

영화 〈루시〉는 피상적으로는 초능력자들의 이야기로 보이지만 본질적으로는 인간의 뇌가 가진 진짜 능력에 관한 질문을 던진다. 이 질문에는 '사람은 뇌가 가진 잠재 능력의 10퍼센트만 사용할 수 있다'라는 속설이 기저에 깔려 있다. 이른바 '10퍼센트 속설'에 따르면, 실제 우리의 뇌가 발휘할 수 있는 능력은 무궁무진하다. 만약 어떤 계기를 통해 뇌의 100퍼센트를 활용할 수 있다면, 예를 들어 다음과 같은 일을 할 수 있다. 10년 전에 읽은 셰익스피어의 고전을 토씨 하나 틀리지 않고 다 기억할 수 있다던가, 1,000의 자릿수 간의 복잡한 곱셈과 나눗셈을 몇 초 안에 한다든가. 그뿐만 아니라 과학적 발견이나 사회적 주장과 관련된 고차원적인 사고에서도 세기의 천재들을 수백 명 합쳐놓은 지능을 앞지를 수 있다고 한다. 마치 〈루시〉에서 주인공이 뇌의 한계를 깨고 순식간에 우주의 모든 진리를 속속들이 알게 되듯 말이다. 이 속설이 주장하는 바는 인간의 뇌는 잠재력의 한계가 없지만 우리는 일부만 사용할 수 있어 범인(凡人)이라는 것이다.

이 속설은 사회 전반적으로 널리 퍼져 있다. 일반인의 대화뿐 아니라 언론에서도 자주 등장하는 이야기다. 사람 뇌의 능력에 관한 속설이 널리 퍼진 큰 원인 중 하나는 20세기 노벨 물리학상 수

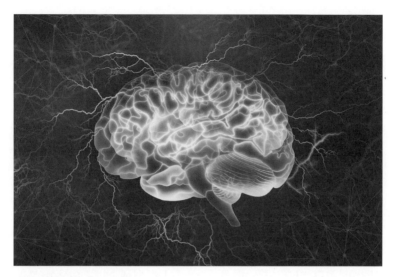
인간의 행동은 뇌로부터 나온다.

상자인 알베르트 아인슈타인의 뇌에 관한 기록이다. 알베르트 아인슈타인 사망 이후 그의 뇌는 미국의 국립과학연구소에 기증되었는데, 비공식적인 연구 기록 중 "알베르트 아인슈타인도 뇌의 15~20퍼센트만 사용했다"라는 문구가 존재한다고 한다. 세기의 발견을 한 천재 물리학자도 뇌의 20퍼센트만 사용했다면 일반인은 10퍼센트 이하를 사용할 것이라고 생각할 수 있다.

속설을 퍼뜨리는 데 기여한 또 다른 요소는 유명한 저서들이다. 미국 심리학을 대표하는 윌리엄 제임스의 저서에는 "우리는 정신적, 육체적 자원의 일부(10퍼센트)만 사용하고 있다"라는 문구가 등장한다. 카이스트 학생들이 필수적으로 수강하는 리더십 특강의 교재인 『카네기 인간관계론』에도 10퍼센트 뇌 이론이 다시 등장하며 널리 알려졌다. 심지어, 만화와 같은 창작물에서는 캐릭터가 모종의 이유로 뇌의 사용량을 증가시켜 초능력으로 악당을 물리치는 것이 클리셰가 되었다. 책, 언론, 만화 등 종류를 가리지 않는 다양한 매체와 유명인의 일화가 어우러지면서 많은 사람이 뇌 능력에 대한 속설을 믿게 되었다.

10퍼센트 뇌 속설은 진실인가?

하지만 최근 많은 뇌 과학자들은 이러한 뇌에 관한 속설이 틀렸다고 주장한다. 10퍼센트 뇌 속설이 오해라는 것을 강력하게 주장하는 대표적인 과학자로는 배리 고든이 있다. 그는 존스홉킨스대학교의 신경 과학자로 뇌와 관련된 다양한 속설의 진실을 사회적으로 규명하는 데 힘쓰는 것으로 유명하다. 속설들은 하나같이 흥미로운데, 대표적으로 '남자는 이성적이고 여자는 감성적이다' '머리가 크면 똑똑하다' '술을 마시면 마실수록 뇌세포가 파괴된다' '20대 이후부터 뇌세포 성장은 멈춘다' 등이 있다. 배리 고든은 특히 10퍼센트 속설은 틀렸다고 강하게 주장한다. 그는 "사실상 우리는 뇌의 모든 영역을 사용하고 있으며, 뇌의 대부분은 언제나 활발하다"라고 주장한다. 10퍼센트 전설이 틀렸다는 일곱 가지 근거를 제시했고 대표적인 네 개의 근거는 다음과 같다.

첫 번째로, 살아 있는 뇌는 모든 영역이 대부분의 시간에 활발하게 작용한다는 사실이다. 양전자방출단층촬영(PET), 자기공명영상(fMRI), 컴퓨터단층촬영(CT) 등의 첨단 스캔 기술을 사용해 실제 뇌를 측정한 결과 뇌의 모든 부분이 활성화되어 있다는 사실이 밝혀졌다. 물론 상황에 따라 특정 영역이 다른 영역보다 활성도가 높을 수는 있다. 대표적으로 좌뇌와 우뇌의 각기 다른 활성화에 따른 연구 결과가 있다. 좌뇌는 주로 논리와 언어를 담당하기 때문에 일상생활의 대화처럼 언어적인 활동을 할 때 활성화된다. 반면 우뇌는 감각기관의 처리와 인지능력을 담당하기 때문에 수리 계산이나 운전 등을 할 때 활성화된다. 이처럼 상황에 따라 뇌의 부위별로 활성화되는 정도의 차이는 있지만, 뇌 속설처럼 전혀 작동하지 않는 뇌의 부위가 존재한다는 것은 사실이 아니다.

그다음 10퍼센트 뇌 속설을 반증하는 근거는 뇌의 미세한 손상도 성능의 지대한 유실을 초래한다는 사실이다. 만약 10퍼센트 뇌 속설이 맞아 전체 뇌의 10퍼센트 부분만 사용된다면, 나머지 90퍼센트 부분에 손상이 발생해도 뇌의 성능에 영향이 없어야 한다. 하지만 사고나 수술 등의 이유로 뇌의 미세한 부분이 손상된 환자들을 조사한 것에 따르면, 이들은 신체의 부분 마비, 정신 부조화, 감각의 유실과 같은 장애를 겪었다고 한다. 환자 사이에 정도의 차이는 있지만 모든 환자가 뇌 기능의 일부분을 잃게 되었다는 결론이다. 따라서 뇌의 모든 부분이 실질적 성능에 밀접하게 연결되고 아주 작은 부분의 손상도 기능적 장애를 불러일으킨다는 사실은 10퍼센트 뇌 속설이 틀렸다는 것을 보여준다.

또한 '시냅스 가지치기(synapse pruning)'라는 비교적 최근에 밝혀진 뇌 현상도 10퍼센트 뇌 속설을 효과적으로 반박한다. 신경세포는 시냅스를 통해 신호를 전달받는다. 이 시냅스를 통한 다수의 신경세포 간의 복합적인 연결로 우리는 사고를 할 수 있다고 밝혀져 있다. 뇌는 일단 많은 신경세포의 시냅스를 만들어두었다가 사용하지 않는 시냅스를 제거하는 방식으로 신경세포의 연결을 효율적으로 조절한다. 반면 많이 사용되는 시냅스일수록 강화되어 오랫동안 생존한다.

이렇게 선택적으로 시냅스를 제거하거나 유지하는 행위를 '시냅스 가지치기'라 한다. 이는 태아와 성인의 시냅스 차이를 보면 더욱 극명하다. 시냅스를 구성하는 부위인 스파인(dendritic spine)은 아동이 성인에 비해 두세 배가 많고, 가지치기하는 과정은 40대 초반까지 활발하게 일어난다고 알려져 있다. 만약 10퍼센트 뇌 속설이 맞아 사용되지 않는 부분이 있다면, 그 부분의 신경세포는 빠르게 주변 세포와 연결이 끊어져 고립될 것이다. 다시 말해 무려 90퍼센트의 신경세포가 주변 세포와 결합되지 않아야 한다는 것이다. 이는 측정된 뇌의 연결 결과와 다르기 때문에 10퍼센트 뇌 속설을 반증한다.

마지막 주장은 진화론에 근거하는데, 상당히 흥미롭다. 진화론을 단순하게 설명하면 '생존에 유리한 유전자를 가진 개체가 더 많은 번식 기회를 가져 생존에 유리한 유전자를 지닌 개체가 더 많아진다'는 것이다. 진화론에 따르면, 우리 몸에 불필요한 장기는 오랜 시간이 지나면 '퇴화'를 겪는다. 대표적으로 최근에 인간에게 퇴화된 장기로는 꼬리와 꼬리뼈가 있다. 우리 인류의 선조격인 고릴라, 침팬지 등을 일컫는 영장류는 나무 위에서 균형을 잡기 위해 엉덩이 끝에 꼬리를 갖고 있었다. 꼬리를 지탱하기 위한 강한 꼬리뼈도 갖고 있었다.

그런데 인간으로 진화하고 이족 보행을 하면서 꼬리와 꼬리뼈가 불필요해지자 두 장기가 퇴화하고 흔적만 남아 있다는 것이다. 이러한 진화론적 관점에서 10퍼센트 뇌 속설을 보면 모순되는 점이 발생한다. 인간의 뇌는 섭취된 전체 에너지의 20퍼센트를 소비할 정도로 우리 몸 내부에 많은 자원을 소모한다. 이러한 뇌가 어떠한 이유로 전체 능력의 10퍼센트만 사용되고 나머지 90퍼센트는 낭비되고 있다면, 진화론적 선택으로 빠르게 퇴화할 것이다. 생명체에서 이유 없이 존재하는 생명 기관이 없듯이, 뇌도 생존에 최적화하여 100퍼센트를 사용할 수 있도록 진화되었다는 것이 진화론적 관점에서 설득력이 있다.

위에서 나열한 논거 외에도 뇌 기능 분배, 마이크로 구조 분석, 신경 효율에 대한 분석 등의 10퍼센트 뇌 속설에 반대되는 많은 과학적 발견이 존재한다. 다행히 최근 대부분의 신경 과학자들은 10퍼센트 뇌 속설이 틀렸음을 인정하고 허점을 잘 인지하는 편이다. 하지만 속설은 오래전부터 존재했고 그 내용이 직관적이고 흥미로워 사람들 사이에서는 신화처럼 믿어지고 있다.

10퍼센트 뇌 속설의 의미

그럼에도 인간 뇌의 '잠재력'을 통해 10퍼센트 뇌 속설이 부분적으로 정당화될 수 있다. 우리 뇌가 일상생활에서 모든 부분을 사용하는 것은 아니다. 사람마다 차이는 있지만 평범한 사람의 뇌 활성 정도를 영상으로 분석하면 평소에 25퍼센트 정도만 사용되고 나머지 부분은 상대적으로 비활성화되어 있다는 연구 결과가 있다.

사용하는 부분도 활성화되는 정도는 집중하는 강도에 따라 달라진다고 한다. 편한 사람과 일상적인 대화를 할 때와 면접장에서 인사팀 직원을 앞에 두고 짧은 자기소개를 할 때는 뇌의 활성화 정도가 다를 것이다. 사용되는 뇌의 영역도 상황에 따라 다르다. 직장 상사와 업무에 관한 대화를 할 때, 친구들과 격렬한 구기 운동 경기를 할 때, 슬픈 영화를 보면서 감정을 느낄 때 각각 뇌의 다른 부분이 사용된다.

이처럼 상황에 따라 활성화되는 영역과 정도가 다르다는 특성을 고려해 10퍼센트 뇌 속설을 이해해보자. 평소에는 뇌의 작은 부분만 사용하고 있지만 어떤 계기로 뇌의 모든 부분을 동시에 사용할 수 있다고 가정해보자. 그렇게 뇌의 한계를 무너뜨린 사람은 동시에 할 수 없던 다른 일을 동시에 할 수 있을 것이다. 예컨대 여자 친구와 전화하면서 스타크래프트 게임을 한다든가, 두 발로 제기차기를 하면서 손으로는 탁구 경기를 하는 것처럼 말이다. 이처럼 한계를 돌파할 수 있다면, 그 지적 능력은 10퍼센트 뇌 속설 말마따나 평소의 열 배 이상이 될 것이라 이해할 수 있다. 물론 이러한 이해는 불가능해 보이는 가정에 따라 10퍼센트 뇌 속설을 의역해보려는 시도에 가까울 뿐, 10퍼센트 뇌 속설 자체는 앞서 언급한 것처럼 반박할 점이 많다는 것을 명심해야 한다.

게다가 뇌가 아직 과학에서 '미지의 영역'으로 불리는 만큼, 10퍼센트 뇌 속설이 완벽하게 틀렸다고 결론짓는 것은 무리다. 뇌는 사람의 생명 기관 중에서도 가장 복잡하다고 알려져 있다. 대장과 같은 소화기관, 근육과 같은 운동기관, 폐와 같은 호흡기관 등의 원리가 거의 완벽하다시피 규명된 데 반해 뇌에 대한 이해는 아직도 걸음마 수준이다. 이러한 상황에서 뇌에 대한 속설이 완벽하게 틀렸다고 말하는 건 어폐가 있다.

정리하자면, 10퍼센트 뇌 속설은 사회적으로 널리 퍼져 있으나 최신 과학 연구의 다양한 결과에 따라 신빙성은 크게 떨어져 있다. 나는 10퍼센트 뇌 속설에 관해 과학적인 시시비비를 가리는 일보다 철학적으로 함축하고 있는 의미가 더 중요하다고 생각한다. 10퍼센트 뇌 속설이 진정으로 의미하는 바는 제한되지 않은 인간의 능력이라고 생각한다. 우리 대부분은 능력의 한계와 좌절을 경험하면서 오래전부터 갖고 있던 꿈과 목표를 현실과 타협시킨다. 물론 뜻대로 안 되는 세상도 책임이 있지만, 한계와 좌절 탓에 자신의 능력을 회의적으로 바라보기도 한다. 하지만 세기의 천재로 일컬어지는 물리학자 알베르트 아인슈타인조차 고등학교 시절 다수 과목에서 낙제점을 받았다는 유명한 일화를 기억하자. 지금 눈앞에 보이는 실패는 결코 능력의 한계를 규정짓지 않는다. 10퍼센트 뇌 속설이 함축적으로 의미하는 바는 인간 능력의 한계는 본인의 마음먹기에 달렸을 뿐, 한계 자체는 원래 없었다는 것일지도 모른다.

권상민
산업및시스템공학과 13

'내사카나사카 편집'에 참여하는 것은 항상 나만의 의미 있는 경험을 갈망하는 나에게 무척이나 매력적이었다. 어떤 형태로든 소중한 가치를 배워갈 수 있다고 확신하고서 편집에 돌입했다.

그 확신은 현실이 되었다!! 편집 과정에서 학우들의 작품에 몇 번이나 감탄하곤 했다. 지금껏 몰랐던 과학의 진면모를 깨닫기도 했고, 어려운 장애물을 이겨내는 모습에 존경심을 느끼기도 했다. 만약 나였다면 어떻게 했을까 고민도 해보았다. 왜 그렇게 판단한 걸까? 어떻게 그런 마음을 가질 수 있었을까? 고민하는 과정은 간접적인 배움의 과정이 되었다.

그리고 책의 가치를 제대로 느낄 수 있었다. 하나의 책에 수많은 사람의 정성과 노력이 들어가는 것을 두 눈으로 직접 보았다. 아직도 인쇄소에서 선풍기 하나에만 의지한 채 책 출판 작업에 전념하는 분들의 땀방울이 보인다. 책만이 특유의 감동을 줄 수 있는 것은 이러한 정성이 잘 담겨 있기 때문일 것이다. 가치를 알게 된 지금은 도저히 책을 멀리하기 어렵게 되었다. 정말 감사한 일이다.

그뿐만 아니라 나의 중·고등학생 시절을 찬찬히 되돌아볼 수 있었다. 예전에 나도 카이스트 선배들의 글을 읽곤 했다. 그 순간에는 카이스트 선배들이 매우 가깝게 느껴졌고, 언젠가 함께 공부할 수 있길 열망했다. 이제는 후배들 차례다. 이 책이 우리와 후배들의 연결고리가 되길 바란다.

마지막으로 함께 동고동락한 학생편집진을 비롯한 모든 관계자 분에게 이 지면을 빌려 감사 인사를 드린다. 모두 정말 고생 많으셨습니다. 감사합니다.~~:)

신치홍
생명과학과 16

이번 내사카나사카 글쓰기 대회의 주제는 '엉뚱한 과학 이야기'
였습니다. 이 수상작들을 모두 읽어보며 가장 크게 느낀 점은 주
제가 '엉뚱한 과학 이야기'였던 만큼 모두가 과학을 자신만의 방
법으로 해석하고 즐기고 있다는 것입니다. 기숙사 사감 선생님의
감시를 피하기 위해 아두이노로 거리 탐지기를 만들어 사감 선생
님을 따돌린 학우가 있는가 하면, 자신의 쓰라린 이별의 아픔 속
에서도 과학을 찾은 학우도 있었습니다. 어떤 학우는 좀비를 과학
적으로 바라보고 분석하기도 했고, 자신의 엉뚱하고 무모했던 과
학 실험에 대해서 그려내기도 했습니다. 카이스트 학생들이 어떻
게 자신만의 방식으로 과학을 즐기고 있는지 그들의 작품에 고스
란히 반영되어 있었습니다.

　제 친구들은 가끔 제게 과학이 어떻게 좋을 수 있냐며 묻곤 합

니다. '카이스트 학생들은 과학을 어떻게 생각하기에 과학을 좋아할 수 있는 걸까?'하고 궁금한 사람이 많을 것입니다. 그리고 대부분이 '역시 카이스트 학생은 우리와는 다른 사람이구나'라고 생각하기에 이릅니다. 하지만 제가 이 책을 편집하며 느낀 점은 카이스트 학생이 결코 특별한 사람이 아니라는 점입니다. 이 책의 첫 작품인 '낚시에서 배운 과학'이라는 제 글에서도 나타냈듯이, 저도 결코 다른 친구들과 다르지 않았던 것처럼 말입니다. 과학을 하는 데 있어 정답은 없습니다. 천재라고 여겨지는 카이스트의 학생들은 그저 자신만의 방법으로 과학을 즐기고 있을 뿐이었습니다. 이 말은 곧, 아무나 자신만의 방법으로 과학을 즐길 수만 있다면 여러분이 곧 카이스트 학생이고, 과학도라는 말입니다. 단 몇 명의 독자라도 이 책을 읽고 자신만의 과학을 찾을 수만 있다면 저는 더할 나위 없이 뿌듯할 것입니다.

가장 수고가 많으셨던 편집장님을 비롯해 다른 학생편집자 분들과 이 책을 완성할 수 있도록 도와주신 분들께 감사의 말씀 전합니다. 끝으로 멀리서도 저를 응원하고 있을 가족과 여러 선생님, 친구들에게 '덕분에 잘 살고 있다!'고 심심한 감사의 말씀을 이 책을 통해 전합니다.

손미나
화학과 16

졸업을 앞둔 마지막 학기, 연구실에 앉아 편집 후기를 적습니다. 중학생 때 과학 선생님께 '화학은 완전 암기 과목 같은데, 대체 어떤 재미가 있나요?'라고 여쭸던 기억이 나는데, 어느새 카이스트 화학과에 진학해 대학원 입학을 앞두고 있네요.

누구나 과학을 처음 만날 때는 재미있는 이야기처럼 접하게 됩니다. 하지만 학년이 올라가다보면 어려운 식과 이상한 그림이 가득한, 어려운 과목이 되어가는 것 같습니다. 제게도 과학이 어려웠던 순간이 분명 존재했고, 지금도 결코 쉽지는 않습니다. 그럼에도 과학을 계속할 수 있는 건, 때때로 과학이 보여주는 다채로운 빛깔 덕분인 것 같습니다.

편집을 진행하며 평소에는 쉽게 듣지 못했던 학우들의 여러 이야기를 들을 수 있었습니다. 기억 한 켠에 잊고 있었던 많은 호기심들, 그리고 이런저런 시도를 하며 많이 실패하지만 때때로 성공했을 때의 기쁨을 다시 떠올리는 계기가 되었네요. 여러 과학자의 이야기를 듣다보니 또다시 열정이 샘솟는 것만 같습니다. 앞으로 연구자의 삶을 살게 된다면 지금 이 설렘, 열정과 항상 함께할 수 있으면 좋겠습니다.

졸업 전에, 이렇게 이야기를 엮는 작업에 함께하게 되어 기쁩니다. 이 책을 읽는 여러분이 조금 더 과학과 가까워질 수 있기를, 과학이 여러분의 삶에 조금 더 녹아들 수 있기를 바랍니다.

윤훈찬
전기밎전자공학부 17

카이스트 학생들의 글은 읽으면 읽을수록 흥미로웠습니다. 과학에 꽤나 관심이 있다고 생각했던 저도 모르는 이야기들이 굉장히 많았고, 실제로 제가 사는 매 순간 스쳐 지나가는 여러 과학적인 이야기들이 숨어 있다는 것을 짐작할 수 있었습니다. 여러 글을 통해 이러한 이야기들을 접할 수 있게 해준 카이스트 학우들에게 감사의 표현을 하고 싶습니다.

과학을 공부한다는 것, 그 자체로도 정말로 재미있는 일입니다. 과학이라는 학문은 세상의 이치를 연구하는 학문입니다. 세상을 구성하는 인간이라는 한 요소로서 우리는 이러한 학문을 공부해야 할 가치가 있습니다. 이번 책을 편집하면서 저는 '인간과 과학의 관계'에 주목할 수 있었습니다. 사람들은 과학이라는 학문과 굉장히 밀접한 관계를 가지고 살아가고 있습니다. 물론 과학을 접하는 사람들의 생각은 다양할 것입니다. 과학이 복잡하고 어렵다고 생각해 싫어하는 사람도 있을 것이고, 과학을 재미있고 탐구할 가치가 있다고 생각하며 살아가는 사람도 있을 것입니다. 하지만 과학이라는 학문이 자신을 움직이는 원동력이라는 사실을 기억하는 것이 가장 중요합니다.

오늘날 적지 않은 대한민국 학생들은 과학이라는 학문의 본질을 모른 채 공부를 하고 있다는 생각이 듭니다. 수많은 지식들을 암기하고, 암기된 내용을 바탕으로 문제들을 풀며 학업에 임하고 있는 경우가 많습니다. 하지만 과학이라는 학문은 암기와 문제 풀이의 반복만으로 공부하기 아까운 만큼 다양한 본질적인 의미를 내포하고 있다는 생각이 듭니다. 물론 암기와 문제 풀이 방식의 공부도 나쁘지 않지만, 공부하다가 가끔 한 번씩은 과학 공부의 본질과 의미에 관해 생각해보는 것도 괜찮을 것입니다.

마지막으로 편집 과정에서 많은 도움을 주신 학교 관계자 분들과 출판사 관계자 분들께도 진심으로 감사하다는 말씀을 드리고 싶습니다.

이지민
전기밀전자공학부 17

대2병이 1년 지나서야 찾아왔다. 중2병도 별 탈 없이 잘 넘겼던 나였지만, 카이스트라는 환경은 유독 나를 외롭게 만들었다. 남들이 하루면 뚝딱 한다는 코딩 과제는 일주일째 에러 메시지만 내보내고 있었다. 같이 놀던 동아리 친구들도 어느 순간 바빠서 얼굴도 못 보겠단다. 이 와중에 고등학교 동기들은 창업 대회도 나가고, 논문도 쓰고, 학회도 다녀오는데, 왜 나는 내 앞에 닥친 과제를 해치우기도 버거운지. 참 외롭고 힘든 시기였다.

"야, 너 이름 학교 홈페이지에 올라가 있던데 뭐냐?"

내사카나사카 글쓰기 대회에 작품을 내던 날은 정말 바쁜 날이었다. 어느새 전공 숙제는 눈덩이처럼 불어나 산더미처럼 쌓여 있었다. 게 눈 감추듯 숙제를 해치워도 모자란 판국에, 나는 글을 쓰며 현실을 도피하고 있었다. 카이스트를 다니는 천재들 사이에서 수상을 해야겠다는 거창한 목표 따위는 있을 리도 없었다. 그저 내 부끄러운 이야기를 어디엔가 끄집어낸 뒤 기억 밖으로 완전히 떠나보내겠다는, 일종의 상징적 배변 활동이었다. 인터넷에 돌아다니는 웃긴 '썰'과 비슷한 걸 썼다. 뭐, 누가 읽겠어. 어차피 내 글은 수많은 글 속에서 그냥 묻히고 말거니까. 하지만 근데 이게 웬걸, 대상을 받아버렸던 거다. 아마 친구가 알려주지 않았더라면 상을 받았는지도 몰랐을 것이다.

유명해지면 똥을 싸도 박수를 쳐준다고 했는데, 나는 반대로 똥을 쌌더니 유명해져버렸다. 그러고는 궁금해졌다. 나와는 다르게 '똑똑한' 카이스트 학생들은 어떤 똥을 싸서 냈는지 보고 싶어졌다. 마침 수상 원고 편집자 자리가 비어서 그 일을 맡기로 했다. 길지는 않았지만 너무나도 즐거운 시간이었다. 카이스트 학생들의 일기를 모아놓고 읽는 느낌이었다. 내가 생각했던 어마어마한 친구들은 이런 생각을 하면서 사는구나. 완벽한 줄 알았던 친구들도 사소한 오탈자를 내는구나. 덕분에 이 무자비한 학생들도 인간적인 모습이 있다는 것을 느꼈다. 그리고 내가 이 학생들 중에서 잘하는 게 하나라도 생겼다는 자부심이 생겼다.

이런 작은 자부심 덕분에 대2병은 모쪼록 잘 벗어나고 있다. 우울한 내 인생을 바꿔준 이 책은 내게 더욱 뜻깊다. 편집 일을 마치고 나니 묘하게 시원섭섭하다. 정기적으로 만나 책을 어떻게 구성할지 함께 고민해준 편집진과 앞으로도 연이 닿았으면 좋겠다. 책을 위해서 가장 고생을 많이 한 편집장님께 언제나 고맙다. 그리고 책을 출판해주시는 살림출판사 직원 분들께도 감사하다.

색다른 과학의 매력

펴낸날	초판 1쇄 2019년 12월 2일

지은이	권상민 · 신치홍 · 손미나 · 윤훈찬 · 이지민 외 카이스트 학생들
펴낸이	심만수
펴낸곳	(주)살림출판사
출판등록	1989년 11월 1일 제9-210호

주소	경기도 파주시 광인사길 30
전화	031-955-1350 팩스 031-624-1356
홈페이지	http://www.sallimbooks.com
이메일	book@sallimbooks.com

ISBN	978-89-522-4169-6 43400

살림Friends는 (주)살림출판사의 청소년 브랜드입니다.

※ 값은 뒤표지에 있습니다.
※ 잘못 만들어진 책은 구입하신 서점에서 바꾸어 드립니다.

이 도서의 국립중앙도서관 출판시도서목록(CIP)은 서지정보유통지원시스템 홈페이지
(http://seoji.nl.go.kr)와 국가자료공동목록시스템(http://www.nl.go.kr/kolisnet)에서
이용하실 수 있습니다.(CIP제어번호: CIP2019046339)

책임편집 · 교정교열 **박일귀**